提升小波分析
及其在轴承故障检测中的应用

阳子婧　著

北　京
冶　金　工　业　出　版　社
2021

内容提要

本书以振动分析为基础，围绕基于提升小波变换的轴承微弱故障特征提取方法以及基于提升算法的新的小波构造算法进行了系统阐述，并对其在轴承早期微弱故障特征提取的应用进行了分析研究。

本书适用于机械专业及相关专业高校师生，也可供设备维护人员阅读参考。

图书在版编目（CIP）数据

提升小波分析及其在轴承故障检测中的应用/阳子婧著. —北京：冶金工业出版社，2021.8

ISBN 978-7-5024-8922-9

Ⅰ.①提… Ⅱ.①阳… Ⅲ.①小波理论—应用—轴承—故障检测 Ⅳ.①TH133.3

中国版本图书馆 CIP 数据核字（2021）第 180513 号

出 版 人 苏长永
地　　址 北京市东城区嵩祝院北巷 39 号 邮编 100009 电话 (010)64027926
网　　址 www.cnmip.com.cn 电子信箱 yjcbs@cnmip.com.cn
责任编辑 曾 媛 美术编辑 吕欣童 版式设计 郑小利
责任校对 石 静 责任印制 禹 蕊
ISBN 978-7-5024-8922-9
冶金工业出版社出版发行；各地新华书店经销；北京虎彩文化传播有限公司印刷
2021 年 8 月第 1 版，2021 年 8 月第 1 次印刷
710mm×1000mm 1/16；7.75 印张；150 千字；115 页
79.00 元

冶金工业出版社 投稿电话 (010)64027932 投稿信箱 tougao@cnmip.com.cn
冶金工业出版社营销中心 电话 (010)64044283 传真 (010)64027893
冶金工业出版社天猫旗舰店 yjgycbs.tmall.com

前　言

轴承是各类机电设备中应用最广泛和最关键的基础部件之一，其运行状况的正常与否直接影响设备的整体性能。同时，轴承也是最容易损伤的部件之一。因长期运行、操作不当等原因所引起的轴承故障，不仅可能给企业造成重大的经济损失，甚至可能引发人员伤亡等严重后果。为了避免轴承失效，对轴承早期故障特征的有效提取与准确诊断尤为关键，这也是一直以来行业亟待解决的重难点问题。

当前，针对轴承的故障诊断方法很多，主要有振动分析法、温度检测法、油液分析法、声学分析法等。本书以振动分析为切入点，针对轴承故障振动信号呈现出非平稳性和非线性的特点，深入而详细地介绍了提升小波分析的基础理论及其在轴承微弱故障特征提取中的应用，为准确监测轴承的运行状态与早期故障诊断提供了有益的借鉴。

全书共分为6章。第1章为背景介绍，论述了进行轴承状态监测及其故障诊断研究的重要意义，并对国内外研究现状进行分析总结。

第2章对著名的经典小波分析理论做了简介，介绍了提升算法和提升小波变换（也称为第二代小波变换）的基本理论，以及滚动轴承的故障机理，同时也对研究中涉及的小波阈值降噪理论进行了描述。

第3章创新性地提出了基于最小 l^p 范数准则的自适应算法，并对小波包算法中存在的频带交错、频率混叠问题加以分析和解决。

第4章为本书的核心理论篇，所述内容也是本书作者研究工作中的重要创新点之一。在对基于提升算法和插值细分方法构造具有期望特性小波的理论有深刻领会的基础上，独辟蹊径地探究新的提升小波构造方法，在新样本点预测过程中引入函数逼近的思想，提出了一种新的基于数据拟合的最小二乘法的提升小波构造方法，进而通过对推导得到的三个关键参数进行选取，尝试性地构造出了多种具有不同特性的新的小波，并进一步深入分析研究了各个参数与小波的时域和频域特性之间的关联。

第5章和第6章分别介绍了研究中所提出的分段功率谱分析、变尺度小波阈值降噪算法、基于变尺度能量分析的节点信号单支重构方法，结合包络解调谱分析、功率谱、小波包能量分析方法，用以对轴承的微弱故障特征进行提取。

本书为作者长期从事微弱信号检测研究成果的总结和凝练，书中所述研究成果得到了宝贵的生产现场工程数据的验证。本书可供设备故障诊断的从业人员和研究人员参考使用。

本书的出版，得到了国家自然科学基金青年基金（61501040）的资助，在此表示感谢。研究过程当中，作者所在的科研团队给予了大力支持与协作，相关企业提供了宝贵的现场工程数据，在此一并表示感谢。

由于作者水平有限，书中疏漏和不足之处在所难免，敬请各位读者批评指正。

作 者

2021年7月

目　录

1 绪　　论

1.1 轴承故障检测的意义

轴承是各类机电设备中应用最广泛和最关键的基础部件之一，其运行状况的正常与否直接影响设备的整体性能。同时，轴承也是最容易损坏的部件之一，其运行损耗以及由操作不当等原因引起的故障，不仅会造成重大的经济损失，甚至可能会导致人员伤亡等严重后果。如某钢厂高炉炉顶的传动齿轮箱旋转电流升高、布料器多次起停后，检修发现大型回转支承轴承被压溃，导致高炉被迫停产五天，造成直接经济损失达三千万元以上；某厂钢包旋转塔的大型回转支承因发生严重故障而无法继续使用，之后一共用了八天时间才完成元件更换，造成经济损失约两千万元；而某大型钢铁企业棒材厂，在仅一年多的时间内，其粗轧机的轴承就先后发生十余次故障，故障位置遍及外圈、内圈、滚动体和保持架各个部位，见表 1-1。

表 1-1　某钢铁企业棒材粗轧机故障案例统计

序号	设备名称	故 障 描 述
1	粗轧 2 架	二轴轴承外圈点蚀、内圈、滚动体点蚀
2	粗轧 7 架	一轴滚动体点蚀；二轴轴承内圈点蚀；三轴轴承滚动体点蚀
3	粗轧 6 架	三轴轴承滚动体点蚀、保持架碎裂
4	粗轧 6 架	二轴轴承内圈断裂、保持架损坏
5	粗轧 4 架	二轴轴承点蚀，更换箱体
6	粗轧 4 架	二轴轴承外圈、内圈、保持架损坏
7	粗轧 5 架	一轴轴承点蚀，更换箱体
8	粗轧 7 架	二轴、三轴轴承割掉
9	粗轧 1 架	一轴双列轴承损坏
10	粗轧 2 架	二轴轴承外圈磨损
11	粗轧 3 架	二轴轴承内圈断裂、滚动体磨损

通过在线监测系统检测，两年内在全国诸多钢铁生产企业的关键设备中，轴承发生故障多达一百多起，部分轴承的损伤十分严重，如图 1-1 所示。

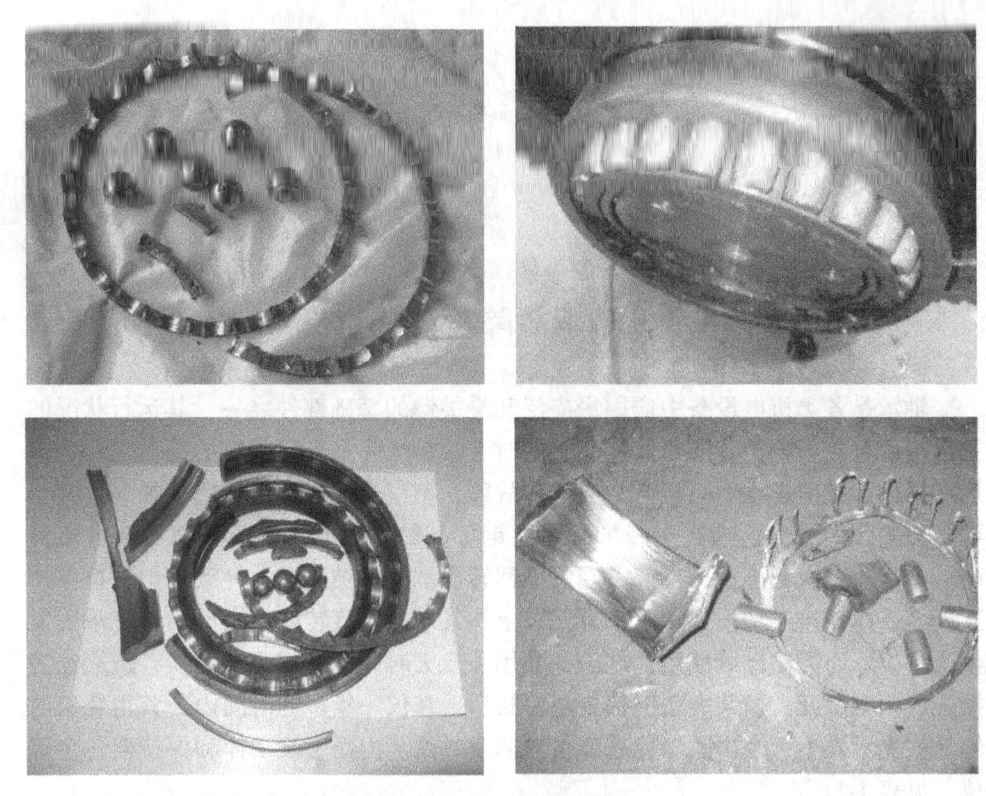

图 1-1 轴承元件损伤图

因此，对轴承进行状态监测与诊断，运用有效的信号处理方法准确提取出能反映其运行状态的特征信息，提高轴承的使用寿命，尽早发现故障隐患，避免事故的发生，具有十分重要的意义。

1.2 轴承故障诊断的研究现状

在众多的信号处理方法中，傅里叶变换是应用最广泛同时也是最基本的分析方法。然而，傅里叶变换的实质是通过对信号与三角函数进行内积运算，从而将时域信号转换为频域的表示形式。由于内积运算可以视为信号与三角函数之间的相似性的一种度量[1]，因此对于时间平稳信号，傅里叶变换是理想的分析方法；但对于实际中更为普遍的非平稳信号，基于三角基运算的傅里叶变换则不再能够满足分析的需要。为此，许多学者进行了大量推广性研究，试图同时通过时域和频域来表征信号以更好地反映非平稳信号中的奇异性成分。

小波分析正是从这一研究背景和基础上发展而来的。早在 20 世纪初，小波分析的思想便已初步形成，即通过对某一函数进行伸缩和平移来生成 $L^2(R)$ 函数空间的一组基。1910 年，Haar 给出 $L^2(R)$ 函数空间的一组对称但非连续的正交基，成为最早的小波，也称为 Haar 小波。到 1980 年，法国的地球物理工程师 Morlet 在分析地质数据时，首次提出了小波分析这一概念。1988 年，Daubechies 采用离散滤波器迭代方法构造出一系列具有紧支撑的光滑正交小波基，并将当时所有正交小波的构造统一起来[2]。1989 年，Mallat 将计算机视觉领域中的多尺度分析思想引入小波分析进而提出多分辨分析理论。根据这一理论，对母小波进行伸缩和平移可使所得的分析小波具有大小可变的动态时频窗口。当尺度因子增加时，小波的时间窗变宽而频率窗变窄，频率分辨率提高，适用于较为平稳的低频信号的分析；当尺度因子减小时，小波的时间窗变窄而频率窗变宽，时间分辨率提高，适用于非平稳高频信号的分析。因此，小波以其在时域和频域出色的信号局部化表征能力而被称为“数学显微镜”。进而在多分辨分析的理论基础上和图像处理的应用研究中，Mallat 受到塔式算法启发，提出了著名的快速小波变换算法——Mallat 算法[3]，其作用和地位相当于傅里叶变换中的快速傅里叶变换(FFT)。这一重要研究使小波分析取得了突破性进展，并作为一种新兴的方法得到国内外众多学者的深入研究，广泛应用于信号分析、图像处理、计算机科学、语音识别与合成、地质勘探和机械设备故障诊断等领域。1992 年，Coifman 和 Wickerhauser 在小波变换的基础上，提出小波包分析[4,5]，通过分解滤波器同时对高频细节信号进行分解，实现了更为精细的信号处理。随后，Vetterli 等引入 Shannon 熵的概念，作为小波包基函数选取和最优分解的准则[6]。1992 年，Cohen 和 Daubechies 提出了“双正交小波”的概念，即对于同一信号，其分析小波和综合小波可以是两组不同的函数系[7]。这一概念的提出，为后来小波分析的进一步发展提供了很好的理论基础。

对于经典小波，其变换过程需通过卷积运算来实现，因而计算量较大，实时性较差；同时，新的小波的构造通常在频域进行，需要借助于傅里叶变换和较高的数学技巧，构造过程十分复杂，并且大多从数学的角度出发而并不十分适用于工程应用。1994 年，Bell 实验室的 Sweldens 博士提出一种提升算法，用以构造具有紧支撑的小波和对偶小波函数。对于所有具有相同尺度函数的多分辨分析，在已有初始双正交滤波器组的基础上，通过对提升算子加以设计，可以获得具有期望特性的小波函数，如增加小波的消失矩阶数或者使小波逼近特定的波形，从而满足某些实际应用的需要（图 1-2）[8]。

随后，Sweldens 提出基于懒小波变换、对偶提升和提升三步分解的提升小波变换，并给出了相应的快速算法[9]。这种不依赖于傅里叶变换而完全在时域进行的新的小波变换实现方法，又称为第二代小波变换，其过程简单，计算快速快，对小波的构造也更加灵活（图 1-3）。

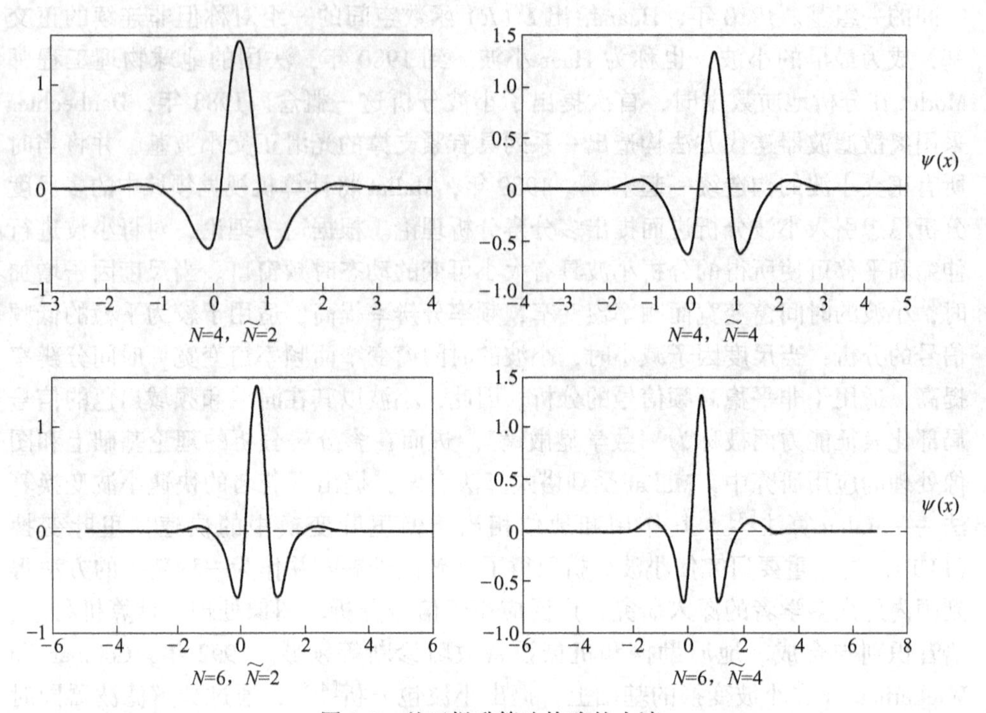

图 1-2　基于提升算法构造的小波

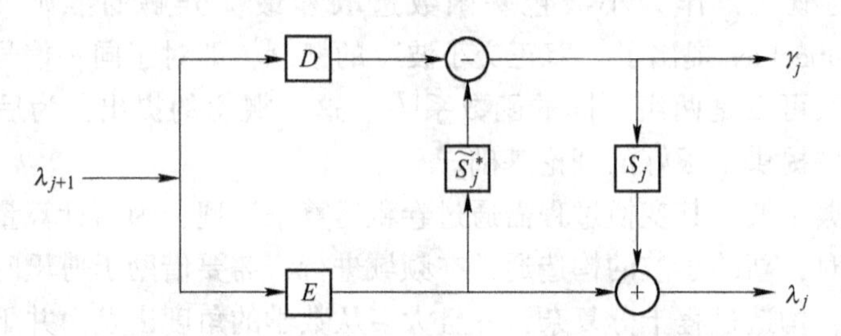

图 1-3　快速提升小波变换过程：懒小波变换、对偶提升、提升

1998 年，Daubechies 和 Sweldens 将提升算法引入经典小波，结合多相位矩阵的表示形式和 Euclidean 算法证明：经典小波变换可以通过多个预测和更新步骤来实现，从而将经典小波与提升算法完美地结合起来[10]（图 1-4）。

由于提升算法具有诸多优点，因此该方法一经提出，便立即引起了研究人员的广泛关注和极大兴趣，其更为深入的理论性研究和在众多领域的应用性研究也获得了快速的发展。Claypoole 提出等效滤波器的概念，结合预测和更新步骤与信号之间的联系，给出基于矩阵求解的预测算子和更新算子设计方法[11]（图 1-5）。

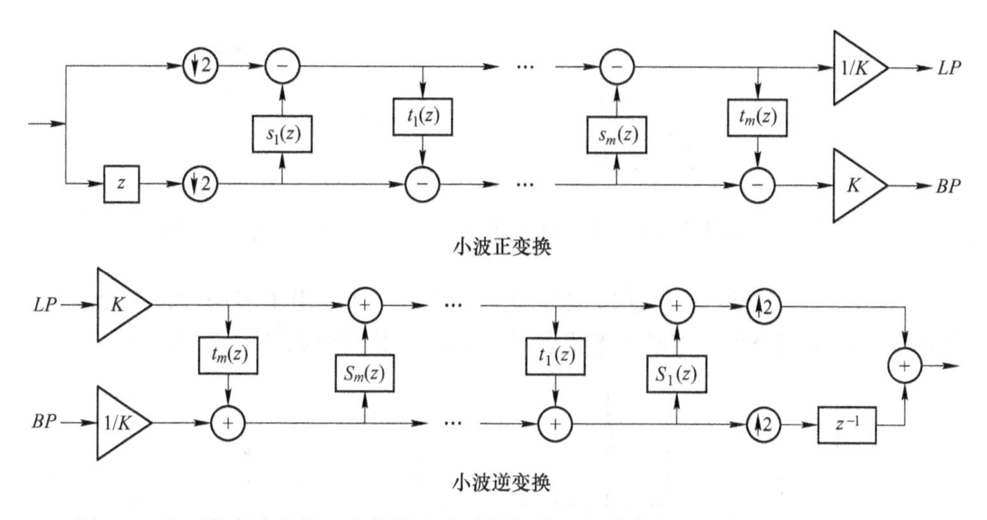

图 1-4 基于懒小波变换、交替的多步对偶提升和提升步骤、尺度变换的小波变换

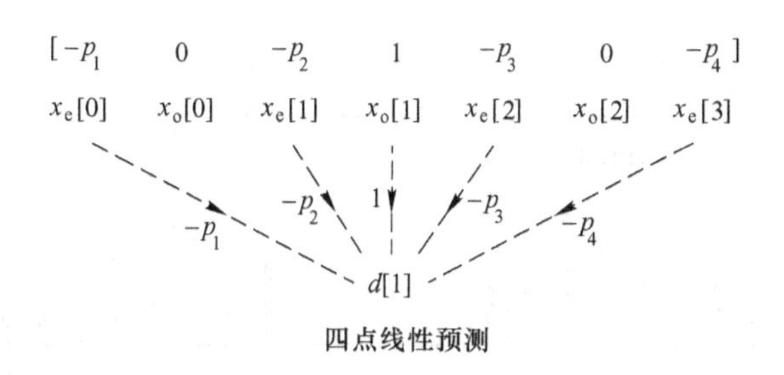

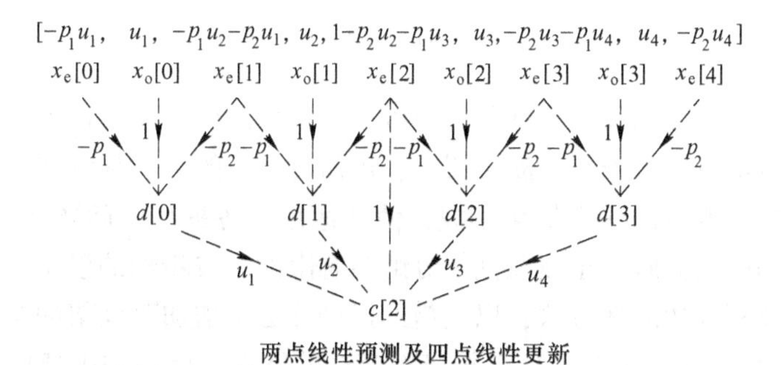

图 1-5 预测算子与更新算子设计

随后，Claypoole 又提出了先更新后预测的思想，以及适应于图像局部特性的非线性算法，对图像局部光滑处选用具有高阶消失矩的预测算子；而在图像的边缘附近则选用低阶的预测算子，为提升小波的应用提供了更为宽广的思路[12]（图 1-6）。

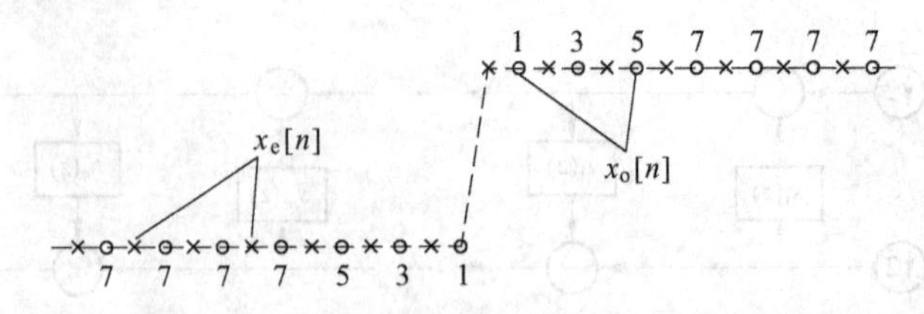

图 1-6 预测算子的选取：越接近边缘，所选预测算子的阶数越低

Sweldens 等详细论述了插值细分的实现过程，并提出了应用线性细分、均值插值和 B 样条细分来获取动态节点数值的思想和具体步骤[13]（图 1-7）。

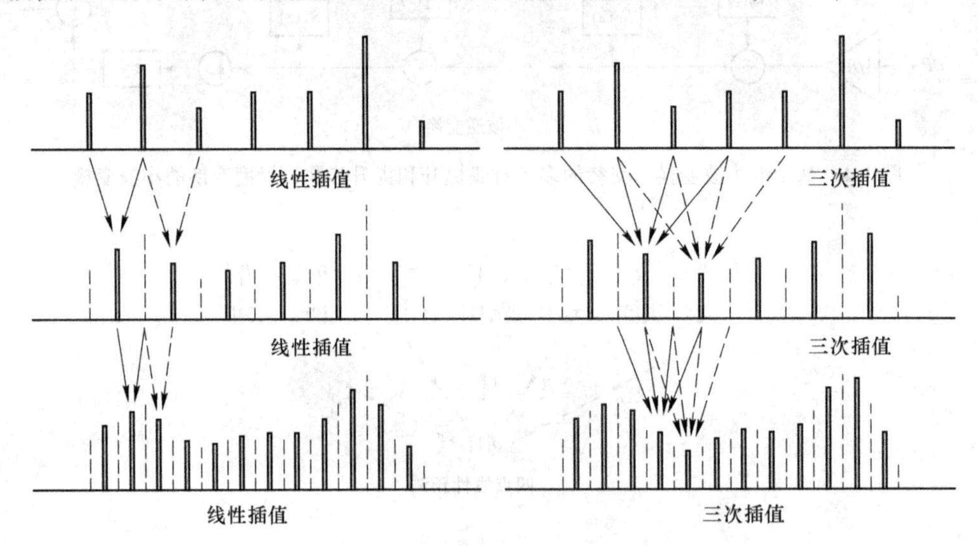

图 1-7 插值过程的示意图

在此基础之上，相关理论性研究得以广泛开展。例如，通过引入不可分提升框架来自适应地设计多维小波滤波器组，进而对已有的基于预测和更新的 Neville 滤波器采用自由度追加法来优化小波，使其适用于各种具体问题[14]；基于通过多相位矩阵的因式分解将小波双框架分解为有限的滤波步骤的思想，提出的一种用以构造小波双框架的新方法；以及借助提升算法来增加双框架的消失矩阶数的新方法[15]；针对提升小波不具有平移不变性的特点，提出的去掉原变换当中的剖分环节的非抽样提升小波变换[16]；在非采样和平滑滤波器处理的平滑懒小波变换的基础上，结合对偶提升步骤得到了正变换过程，实现了提升的过完备表征[17]；基于现有的两步提升算法，提出了一种更具设计灵活性的三步提升方案，并获得了具有更优正则性和频率选择性的滤波器组[18]。

同时，提升算法在多个领域的应用也得到了诸多研究人员的深入研究。在提升小波包方面：应用提升小波包分解信号，在小波域做采样、重采样来提取分布信息和获取特征向量，进而通过支持向量机来评估设备的状态[19]；将基于多孔算法和子带信号对应频带外频率成分置零的抗混叠提升算法用于球轴承和不同工况下的汽油机配气机构的状态识别[20]；将冗余第二代小波包变换应用于齿轮箱和汽油机配气机构的振动信号分析，提取故障特征作为分类器的输入从而获取较好的分类识别效果[21]；将提升小波包分析和模糊 C 均值方法相结合来对轴承的性能衰退状况进行评估，将正常和故障情形下相应的振动信号的小波包的节点能量作为特征向量以及训练样本来建立评估模型[22]；根据预测器和更新器对基节点的影响分析，采用提升小波包的渐变式阈值量化方法来提高状态特征间的可分离性[22]；采用提升小波包提取信号的敏感频带特征并作包络解调分析来提取轴承的故障特征频率，进而通过距离评估技术选取最优特征集并输入支持矢量机对不同故障类型进行识别[24]；基于自相关系数采用自适应提升小波包分析方法，对每个样本点选取能最优匹配信号局部特性的提升小波包算子，识别强噪声背景下的微弱故障信号特征[25]。

在提升小波和其他方法的融合方面：将提升小波变换、样本熵、支持向量机和遗传算法相融合，用于轴承故障诊断[26]；为获得比一维小波变换更好的信号压缩效果，提出一种二维提升小波变换，即通过将一维数据转换为二维数据、对分解得到的重要的小波系数予以保留而舍去较小的系数、信号重构、数据的一维还原的步骤，对旋转机械的振动信号进行压缩[27]；将提升小波变换和独立分量分析相结合，用以检测滚动轴承的故障特征[28]；在自适应定向提升小波的理论基础上，采用像素分类、鲁棒定向估计和优化变换策略来增强算法的鲁棒性，将其应用于标准八位灰度图的降噪处理以得到更优的 PSNR 和视觉效果[29]；应用基于支持向量机进行状态识别、基于提升小波实现特征提取、结合规则推理判断故障类型的诊断方法，识别齿轮箱中齿轮的打齿故障[30]；应用基于提升算法和回转周期的滑动窗特征提取方法对由小波分解所得的细节信号进行处理，并提取每个滑动窗的模最大值作为冲击故障特征，用以分析转子早期碰摩故障和齿轮箱滑动轴承的轴瓦损坏故障，检测由不对中、不平衡和轴瓦断裂引起的冲击成分[31]；采用基于最小预测误差平方和的自适应冗余提升算法，并结合基于数据的优化算法来锁定信号中的主要成分并在时域中反映振动信号的瞬态成分[32]。

在基于提升算法的小波滤波器设计方面：在第二代小波变换原理的基础上，采用范德蒙行列式求解的方法来设计预测算子和更新算子，进而将所构造的小波应用于机械设备的状态监测和故障诊断[33]；利用信号样本之间的相关性，定义自相关系数，并根据取值情况来选择与信号的局部特征相匹配的最佳预测算子，以有效滤除初始信号中的噪声，同时较好地保留信号的局部特征[34]；根据信号特征、基于插值细分方法构造双正交小波，将其用于旋转机械的轴系不对中故障的诊断[35]；通过将插值细分方法与最优估计理论相结合，并采用基于最小估计偏差的预测算子设计方法，通过求导以及消失矩条件来确定预测算子，以较好地反映分析数据的特征[36]；采用先更新后预测的方案，并根据预测偏差平方最小原则来选用最佳预测算子对信号进行分解，在实现非线性算法的同时较好地保留冲击特征[37]；针对第二代小波的对称性、紧支撑以及冲击振荡衰减性的特点，采用具有较小支撑区间的小波对高压缸转子碰摩的故障信号进行处理，获取相应的时域响应特征[38]；为解决因抽样操作导致分析结果平移可变的问题，根据非抽样小波变换的原理，采用基于提升算法的非抽样小波框架从齿轮箱的振动信号中提取幅值调制和瞬态冲击的摩擦故障特征[39]；基于提升算法，取三次 B 样条小波变换的低通滤波器作为初始滤波器，采用插值细分算法来构造提升算子得到新的小波，并结合非采样小波变换提取压缩机的齿轮箱摩擦和高压缸碰摩的故障特征[40]；根据小波函数的消失矩条件，采用插值细分原理设计预测算子和更新算子，结合基于旋转周期的冲击故障特征提取方法，对转子早期碰摩故障进行了诊断[41]；通过对小波的初始高通滤波器求导获取提升算子表达式的方法，提升已有小波使其具有更好的光滑性和更强的振荡性，将其与模极大值算法结合提取重催机组的转子不平衡、轴系不对中和轻微碰摩的故障特征[42]；根据预测误差平方和最小的准则以及约束条件，采用基于数据特征的预测算子和更新算子设计方法，融合冗余算法对空气分离压缩机齿轮箱故障的振动信号进行分析，以有效揭示逼近信号中的调制现象和细节信号中的周期性冲击脉冲[43]；在第二代小波等效滤波器频域特性的研究基础上，通过不相关频率成分置为零的方法解决频率混叠问题，并运用基于数据的优化方法设计匹配信号特征的预测算子和更新算子，提取汽轮发电机组发生径向碰摩故障时候的时域故障特征[44]；探究冗余提升算法中的误差传递产生的原因，采用基于归一化因子的改进冗余提升算法并结合冲击脉冲法，提取微弱的故障信号特征[45]；根据算子特性，采用实数编码机制生成初始预测算子系数，进而应用遗传算法和细节信号峭度最大准则来确定信号自适应的最优预测算子[46]。

从现场采集的轴承振动信号中往往伴有强大的背景噪声，给轴承运行状态的准确识别带来了极大的困难。因此，如何通过一定的处理方法将淹没于强噪声中微弱故障信息有效提取出来，成为故障诊断的关键问题和研究难点。而小波分析的重要应用之一在于：利用小波与信号的相似性来更优地匹配感兴趣成分的特征，并通过其低熵性来更好地表征信号；另一方面，利用信号和噪声在小波基底上所呈现出的不同特性来进行降噪。为此，可将这两者结合起来，以期更有效地提取出微弱特征信息。目前，小波降噪方法主要可以分为三种：

第一种是 1992 年 Mallat 基于信号的奇异性提出的模极大值重构降噪方法[47]。该方法利用信号和噪声在不同尺度上进行小波分解时具有不同的奇异性（由 Lipschitz 指数描述），即信号的小波变换模极大值随尺度的增加而增大，噪声的小波变换模极大值幅度及模极大值稠密度随尺度的增加而减小，通过模极大值在不同尺度的传播特性来判断这一模极大值点是由信号产生还是由噪声产生，进而保留信号对应的模极大值点而去除噪声对应的模极大值点，并采用交替投影算法对保留的模极大值点进行重构从而得到降噪后的信号。但该方法计算量很大、过程复杂，因而在应用上受到了较大的局限性。

第二种是 Xu 于 1994 年提出的空域相关降噪法[48]。其原理在于，信号的小波系数在尺度上具有较强的相关性，而噪声的小波系数在各度间没有明显的相关性。因此，可以根据小波系数在不同尺度上对应点处的相关性来确定该系数是对应于信号还是噪声从而进行取舍。该方法实现过程中涉及迭代运算，因而计算量较大，并且需要确定各尺度上的噪声能量和对噪声方差进行估计。

第三种是由斯坦福大学以 Donoho 为首的科研团队提出的小波阈值降噪方法。Donoho 等针对该方法先后进行了大量研究[49~51]。其原理为：在满足光滑性和适应性这两个前提条件下，根据信号和噪声在小波域中不同的形态表现，即噪声小波系数的幅值随着尺度的增加很快衰减为零，而真实信号小波系数的幅值随着尺度的增加基本不变；同时，信号主要集中在少数几个小波系数上，幅值较大，而噪声均匀地分布在所有的小波系数中，幅值较小。因此，应用阈值函数同时选取阈值对小波系数进行非线性处理，再将处理之后的小波系数和最低层的尺度系数进行重构以得到降噪后的信号。该方法计算量很小，过程简单，因而得到了最为广泛的研究及应用。在这一方法中，最优小波的选取、阈值函数和阈值的确定是极为重要的问题，将直接影响到信号的分析处理结果。

为实现最优小波的选取，学者们开展了一系列研究。例如，提出基于最优基算法的小波包变换，借助加性信号的评估函数选取最佳频带，对信号或图像进行压缩[52]；采用奇异值分解方法，对各子带的奇异值进行比较和重排列，并结合压缩比来确定用于重构的子带的数目[53]；对标准 Marr 小波引入膨胀参数使其由单一小波基扩展为基小波空间，进而应用时间方向上的最小熵原则确定用于基桩弱损伤检测的最优小波[54]。

针对阈值函数的选取问题，学者们同样进行了广泛研究。已有研究表明[55]：硬阈值函数的不连续性会导致 Gibbs 现象的产生，而软阈值函数的连续收缩性将使得重构信号与初始信号必然存在一定的偏差，因而可能造成边缘的模糊失真。为此，有研究提出一种折中的半软阈值函数[56]，并在此基础上提出了 Minmax 阈值[55]，但该阈值函数需要确定两个阈值，增加了算法的复杂程度；另有学者基于极大阈值规则（TSR）提出一种双阈值的新阈值函数[57]，通过信号以及经验确定其中一个阈值并对另一个阈值进行调整，可使函数获得优于软、硬阈值函数的性能；对软阈值函数予以改进，获得一种无限阶连续可导的具有更优数值特性的阈值函数[58]；在已有的研究基础上提出的基于多项式插值、软硬阈值折中、模平方处理的三种阈值函数[59]等。

对于阈值的确定问题，有学者提出基于均方差准则确定最优阈值的交叉验证方法，但效果尚欠理想[60]；另有研究提出了基于 SURE 的性能更优的广义交叉验证方法[61]，在无需估计噪声方差的情形下，得到了无偏的最优阈值[62]；根据加性噪声的特点，提出基于信号复杂度的噪声阈值估计方法[63]；提出复合阈值算法：先对小波系数作 NeighShrink 阈值处理，然后将得到的系数二值化并定义相应的横向和纵向相关性指数，最后确定出决定小波系数取舍的决策系数[64]。

在应用提升小波变换实现信号降噪方面，已开展的研究有：采用提升小波对含噪声实验信号进行分解并作软阈值降噪处理，以峰值信噪比为性能指标来检验降噪的效果[65]；提出基于自适应边缘保护的提升降噪方法，结合置信区间规则的统计方法来逐点选取最适宜的小波进行降噪[66]；采用提升小波变换以及基于尺度的估计阈值对含有非平稳噪声的心电图信号进行降噪，并作对比分析和基于信噪比均值及视觉效果的分析[67]；应用 LMS 自适应法来确定伯恩斯坦预测算子的权重系数，以实现对特定数据序列式的自适应匹配，并结合软阈值滤除图像中的噪声，在有效去噪的同时，保持图像边缘和纹理特性[68]；以经典小波降噪做对比分析，将第二代小波变换应用于局部放电信号进行降噪处理并验证其有效性和准确性[69]；以均方根误差、信噪比、峰值误差作为评价指标，采用具有不同长度的预测算子和更新算子对测试信号、滚动轴承和齿轮箱的振动信号进行降噪处理，并研究消失矩与降噪效果之间的相互关联[70]；应用冗余第二代小波降噪方法，采用硬阈值函数和基于变尺度方差的阈值，分别对滚动轴承的内圈剥落和高压缸蒸汽激振的信号进行分析，以提取故障特征信息[71]；以两个约束条件、小波系数峭度最大化、重构误差最小化为准则来确定最优算子，结合改进的尺度独立性降噪算法，应用定制小波降噪算法进行轴承故障诊断[72]。

1.3 研究框架

综上所述，基于提升算法的理论及其应用研究已经得到了较快的发展。但仍存在一定的问题：在预测算子的设计方法上，探索性的研究已经展开，然而实际应用中最常采用的仍是基于 Lagrange 插值公式所构造的对称小波；虽然对称性可以避免相位失真，但在提取非对称性特征时仍具有局限性；另外，信号的特点复杂多样，同一种信号处理方法难以适用于各种不同信号的分析，需要对其不断进行研究和改进。

因此，在已有研究成果和对尚存问题加以总结的基础之上，作者对基于提升算法的小波构造方法进行了深入研究，以期能根据待处理信号的特点，灵活简便地构造出具有期望特性的新的小波，进而应用其更好地匹配和提取出微弱的特征信息。进一步的，在基于自适应算法、阈值降噪算法的轴承状态识别技术方面，作者也展开了探索性的研究。

本书是对作者主要研究内容和成果的具体阐述，书中各个章节的总体逻辑框架如图 1-8 所示。

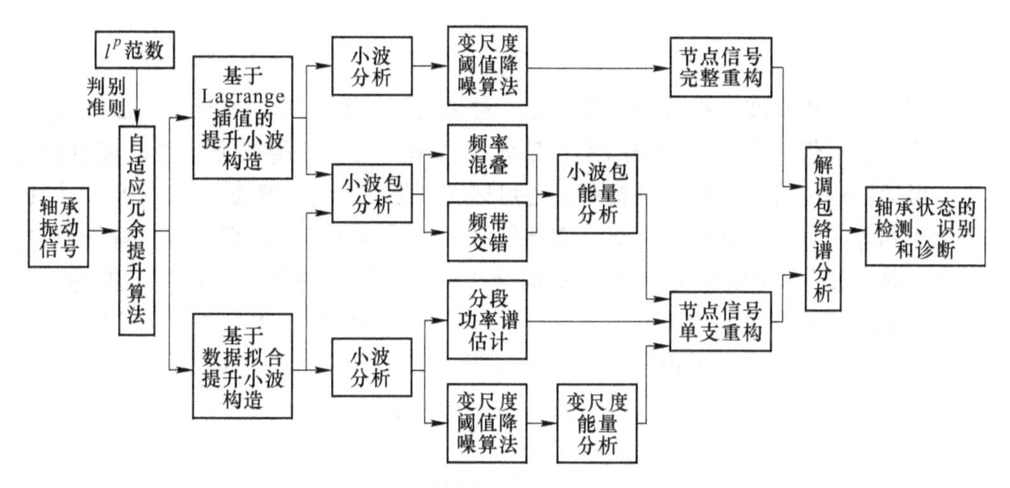

图 1-8 课题研究的总体框架图

2 基础理论介绍

相比于经典小波，提升小波变换是一种更为快速有效的小波分析方法。应用提升算法，不仅可使小波的构造不再依赖于傅里叶变换而得以完全在时域进行，也使得运算速度得到了较大的提高，还可以实现原位计算和整数小波变换，并且适用于非等间隔采样分析的情形。本章作为书中后续章节的研究基础，首先简单介绍经典小波分析理论，进而重点对提升小波变换的相关理论进行详细的论述；为有效滤除信号中的强背景噪声，提高信号分析的准确性，本章同时对小波阈值降噪的基本理论也进行了说明；最后，对于本书主要应用研究对象的滚动轴承，本章对其故障机理、振动信号的特点和分析方法予以了细致的阐述。

2.1 经典小波分析

由平方可积空间 $L^2(R)$ 上的某一特定函数 $\psi(x)$ 通过平移和伸缩的方式得到的函数族即为经典小波，其中，满足式（2-1）容许性条件的 $\psi(x)$ 又称为母小波或基本小波[73]：

$$C_\psi = \int_R |w|^{-1} |\hat{\psi}(w)|^2 \mathrm{d}w < \infty \tag{2-1}$$

1989 年，Mallat 在多分辨分析的基础之上，受到塔式算法的启发，提出了著名的快速小波变换算法——Mallat 算法，即通过分解高通和低通滤波器并结合隔二降采样过程对信号进行分解，分别得到高频细节信号和低频逼近信号；进而通过隔二升采样过程并结合重构高通和低通滤波器实现对信号的重构。其具体的实现过程如下[73]：

Mallat 分解算法：

$$a_{j+1,k} = \langle f_j, \sum_{k\in Z} h_{n-2k}\varphi_{j,n} \rangle = \sum_{k\in Z} \hat{h}_{n-2k} \langle f_j, \varphi_{j,n} \rangle = \sum_{k\in Z} \hat{h}_{n-2k} a_{j,n} \tag{2-2}$$

$$d_{j+1,k} = \langle f_j, \sum_{k\in Z} g_{n-2k}\varphi_{j,n} \rangle = \sum_{k\in Z} \hat{g}_{n-2k} \langle f_j, \varphi_{j,n} \rangle = \sum_{k\in Z} \hat{g}_{n-2k} a_{j,n} \tag{2-3}$$

Mallat 重构算法：

$$a_{j,k} = \sum_{k\in Z} h_{n-2k} a_{j+1,k} + \sum_{k\in Z} g_{n-2k} d_{j+1,k} \tag{2-4}$$

式中，$a_{j+1,k}$、$d_{j+1,k}$ 分别为尺度 j 下的低频逼近信号和高频细节信号。$\hat{h}_{n-2k}$、

$\hat{g}_{n-2k}$ 为小波分解滤波器；h_{n-2k}、g_{n-2k} 为小波重构滤波器。其中，$\hat{h}_{n-2k}$ 和 h_{n-2k} 为低通滤波器，与尺度函数相对应；$\hat{g}_{n-2k}$ 和 g_{n-2k} 为高通滤波器，与小波函数相对应。四者共同构成了一个双通道滤波器组，信号 $f(t)$ 经过 $\hat{h}_{n-2k}$ 和 $\hat{g}_{n-2k}$ 进行滤波再被隔二降采样，得到分解信号；然后经过隔点插零并且由 h_{n-2k} 和 g_{n-2k} 滤波得到重构信号。当四个滤波器满足正交（此时 h_{n-2k} 为 $\hat{h}_{n-2k}$ 的倒序，g_{n-2k} 为 $\hat{g}_{n-2k}$ 的倒序）或者双正交（此时 g_{n-2k} 与 $\hat{h}_{n-2k}$ 正交，h_{n-2k} 与 $\hat{g}_{n-2k}$ 正交）条件时，可以实现信号的完全重构[73]。双通道滤波器组结构图如图 2-1 所示。

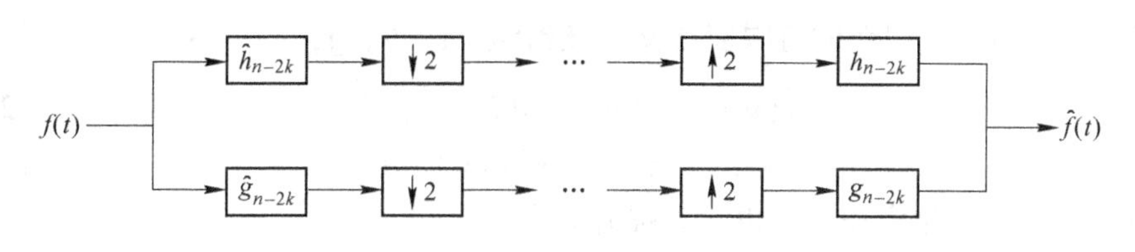

图 2-1 双通道滤波器组结构图

Mallat 快速算法的提出，使得二进离散小波变换在许多领域得到了极为广泛的应用。

2.2 提升小波分析

2.2.1 提升算法的基本理论

1994 年，Sweldens 提出一种提升框架，用以在双正交集以及尺度函数、小波及其对偶均为紧支撑的情况下，实现小波的定制设计。小波的构造需同时满足两个约束条件：(1) 双正交关系；(2) 其他的约束如正则性、消失矩、局部频域性以及波形等。对于所有具有相同尺度函数的多分辨分析，在确定双正交关系后，对剩余的自由度加以控制使其满足约束条件 (2)，则可根据实际应用来定制地设计具有期望特性的小波。一旦小波确定，则可通过提升框架得到紧支撑的双正交对偶小波和尺度函数。

定义 1[8]：当函数集 $\{\varphi, \tilde{\varphi}, \psi, \tilde{\psi}\}$ 同时满足如下关系式时，构成双正交函数：

$$\langle \tilde{\varphi}, \psi(\cdot - l) \rangle = \langle \tilde{\psi}, \varphi(\cdot - l) \rangle = 0 \tag{2-5}$$

$$\langle \tilde{\varphi}, \varphi(\cdot - l) \rangle = \langle \tilde{\psi}, \psi(\cdot - l) \rangle = \delta_l \tag{2-6}$$

给出调制矩阵 $m(w)$ 和 $\tilde{m}(w)$ 如下：

$$m(w)=\begin{bmatrix} h(w) & h(w+\pi) \\ g(w) & g(w+\pi) \end{bmatrix},\ \tilde{m}(w)=\begin{bmatrix} \tilde{h}(w) & \tilde{h}(w+\pi) \\ \tilde{g}(w) & \tilde{g}(w+\pi) \end{bmatrix} \tag{2-7}$$

则双正交关系的一个必要条件为：

$$\forall w \in R:\ \tilde{m}(w)\,\overline{m^T(w)}=1 \tag{2-8}$$

定义 2[8]：当滤波器组 $\{h,\ \tilde{h},\ g,\ \tilde{g}\}$ 满足式（2-4）并且满足 $\det m(w)=-e^{-iw}$ 时，称为有限双正交滤波器组。

引理[8]：给定一组初始的有限双正交滤波器组 $\{h,\ \tilde{h}^0,\ g^0,\ \tilde{g}\}$，则通过如下步骤，可得到一组新的有限双正交滤波器组 $\{h,\ \tilde{h},\ g,\ \tilde{g}\}$ 为：

$$\tilde{h}(w)=\tilde{h}^0(w)+s(2w)\tilde{g}(w) \tag{2-9}$$

$$g(w)=g^0(w)-s^*(2w)h(w) \tag{2-10}$$

式中，$s(w)$ 为三角多项式，也称为提升算子。

由上式可知，经过一步提升，滤波器 h 和 $\tilde{g}$ 仍与提升前相同；而滤波器 $\tilde{h}$ 和 g 将发生改变。

将上述提升步骤以矩阵形式表示，则有：

$$\begin{bmatrix} \tilde{h}(w) \\ \tilde{g}(w) \end{bmatrix}=\begin{bmatrix} 1 & s(2w) \\ 0 & 1 \end{bmatrix}\begin{bmatrix} \tilde{h}^0(w) \\ \tilde{g}(w) \end{bmatrix} \tag{2-11}$$

$$\begin{bmatrix} h(w) \\ g(w) \end{bmatrix}=\begin{bmatrix} 1 & 0 \\ -s^*(2w) & 1 \end{bmatrix}\begin{bmatrix} h(w) \\ g^0(w) \end{bmatrix} \tag{2-12}$$

由于

$$\begin{bmatrix} 1 & s(2w) \\ 0 & 1 \end{bmatrix}\begin{bmatrix} 1 & -s^*(2w) \\ 0 & 1 \end{bmatrix}=\begin{bmatrix} 1 & 0 \\ 0 & 1 \end{bmatrix} \tag{2-13}$$

因此有

$$\begin{bmatrix} \tilde{h}(w) \\ \tilde{g}(w) \end{bmatrix}\begin{bmatrix} h(w) \\ g(w) \end{bmatrix}^T=\begin{bmatrix} 1 & s(2w) \\ 0 & 1 \end{bmatrix}\begin{bmatrix} \tilde{h}^0(w) \\ \tilde{g}(w) \end{bmatrix}\begin{bmatrix} h(w) \\ g^0(w) \end{bmatrix}^T\begin{bmatrix} 1 & -s^*(2w) \\ 0 & 1 \end{bmatrix}=\begin{bmatrix} 1 & 0 \\ 0 & 1 \end{bmatrix} \tag{2-14}$$

式（2-14）满足式（2-5）和式（2-6）的双正交条件，由此可知，对于给定的初始双正交滤波器组，经过一步提升之后，所得的滤波器组仍具有双正交性。

同理，给定初始的有限双正交滤波器组 $\{h,\ \tilde{h}^0,\ g^0,\ \tilde{g}\}$，则经过一次对偶提升，可得到一组新的有限双正交滤波器组 $\{h,\ \tilde{h},\ g,\ \tilde{g}\}$：

$$h(w)=h^0(w)+\overline{s(2w)}g(w) \tag{2-15}$$

$$\tilde{g}(w) = \tilde{g}^0(w) - \overline{s^*(2w)h(w)} \tag{2-16}$$

式中，$s^*(w)$ 为对偶提升算子。

因此，经过一步对偶提升，滤波器 $\tilde{h}$ 和 g 仍与提升前相同；而滤波器 h 和 $\tilde{g}$ 将发生改变。

提升框架[8]：给定一组初始双正交尺度函数和小波 $\{\varphi, \tilde{\varphi}^0, \psi^0, \tilde{\psi}^0\}$，则通过如下步骤，可得到新的双正交尺度函数和小波 $\{\varphi, \tilde{\varphi}, \psi, \tilde{\psi}\}$ 如下：

$$\psi(x) = \psi^0(x) - \sum_k s_k \varphi(x-k) \tag{2-17}$$

$$\tilde{\varphi}(x) = 2\sum_k \tilde{h}_k^0 \tilde{\varphi}(2x-k) + \sum_k s_{-k} \tilde{\psi}(x-k) \tag{2-18}$$

$$\tilde{\psi}(x) = 2\sum_k \tilde{g}_k \tilde{\varphi}(2x-k) \tag{2-19}$$

以上公式中，对 s_k 可任意选择设计。由式（2-17）可以看出，经过提升之后，尺度函数 $\varphi(x)$ 并未发生变化，因此，通过对 s_k 加以设计，就可以使经过提升后的小波函数具有某些期望的特性，如增加小波的消失矩阶数或使小波逼近特定的波形。这正是提升算法的魅力所在。

2.2.2 提升小波变换

小波分析的特点之一在于其解相关性，即通过具有更大采样间隔的更少数系数来表示信号的特征[74]。虽然，用更少的系数来精确地表征信号，其实现起来相当困难，但仍然可以在一定的、可接受的误差范围以内以少量的系数来逼近初始的信号。由此以来，只需关注并精确地控制因此导致的误差，并尽可能将这一误差减小至最低。

为实现这一过程，可考虑对信号做降采样处理，并将降采样后的初始信号的偶样本点与初始信号之间的误差定义为小波系数。为实现误差的最小化，当取小波系数为初始信号的奇样本点时，误差即为零。而这正是懒小波变换的过程。因此，懒小波变换对信号不做任何处理，只是将信号分为奇样本点和偶样本点。

令懒小波变换的滤波器组为 $\{h^L, \tilde{h}^L, g^L, \tilde{g}^L\}$，则有 $h^L = \tilde{h}^L = E$，$g^L = \tilde{g}^L = D$。在懒小波变换的滤波器组的基础上，经过一步对偶提升可得到双正交滤波器组 $\{h^{\text{int}}, \tilde{h}^{\text{int}}, g^{\text{int}}, \tilde{g}^{\text{int}}\}$ 为：

$$h^{\text{int}} = h^L + \bar{s} \cdot g^L = E + \bar{s} \cdot D \tag{2-20}$$

$$\tilde{h}^{\text{int}} = \tilde{h}^L = E \tag{2-21}$$

$$g^{\text{int}} = g^L = D \tag{2-22}$$

$$\tilde{g}^{\text{int}} = \tilde{g}^{L} - \overline{s^{*}} \cdot h^{L} = D - \overline{s^{*}} \cdot E \tag{2-23}$$

再经过一次提升步骤，可得到新的双正交滤波器组 $\{h^{\text{new}}, \tilde{h}^{\text{new}}, g^{\text{new}}, \tilde{g}^{\text{new}}\}$ 如下：

$$h^{\text{new}} = h^{\text{int}} = E + \overline{s} \cdot D \tag{2-24}$$

$$\tilde{h}^{\text{new}} = \tilde{h}^{\text{int}} + s \cdot \tilde{g}^{\text{int}} = (1 - s \cdot \overline{s^{*}})E + s \cdot D \tag{2-25}$$

$$g^{\text{new}} = g^{\text{int}} - s^{*} h^{\text{int}} = (1 - \overline{s^{*}} \cdot s)D - s^{*} \cdot D \tag{2-26}$$

$$\tilde{g}^{\text{new}} = \tilde{g}^{\text{int}} = D - \overline{s^{*}} \cdot E \tag{2-27}$$

由此，基于上述小波构造的小波变换可分为三个步骤：首先进行懒小波变换，接着做一次对偶提升，最后进行一次提升[9]。其实现过程如图 1-3 所示。

令预测算子 P 与对偶提升算子 s^{*} 取为相同，并令更新算子 U 与提升算子 s 也取为相同，则提升小波变换的正变换分解过程分为如下三步[13]：

（1）剖分。将尺度 j 下样本长度 $\widetilde{L}$ 的待分解节点信号 $a_j(k)$ ($k = 1, 2, \cdots, \widetilde{L}$) 分为奇样本 $a_{j\_o}(k)$ 和偶样本 $a_{j\_e}(k)$：

$$a_{j\_e}(k) = \{x(2k),\ k \in Z\}, \quad a_{j\_o}(k) = \{x(2k+1),\ k \in Z\} \tag{2-28}$$

（2）预测。由于信号相邻样本之间具有高度相关性，以偶样本通过预测算子 P 来预测奇样本，将预测误差定义为高频细节信号 $d_{j+1}(k)$：

$$d_{j+1}(k) = a_{j\_o}(k) - P[a_{j\_e}(k)] \tag{2-29}$$

（3）更新。为减少剖分过程中降采样引起的频率混叠，修正 $a_{j\_e}(k)$ 与 $a_j(k)$ 之间的差异性，保证信号始终具有相同的均值，应用更新算子 U 对高频细节信号 $d_{j+1}(k)$ 进行更新并取代 $a_{j\_e}(k)$ 得到更为平滑的低频逼近信号 $a_{j+1}(k)$：

$$a_{j+1}(k) = a_{j\_e}(k) + U[d_{j+1}(k)] \tag{2-30}$$

具体过程如图 2-2 所示。

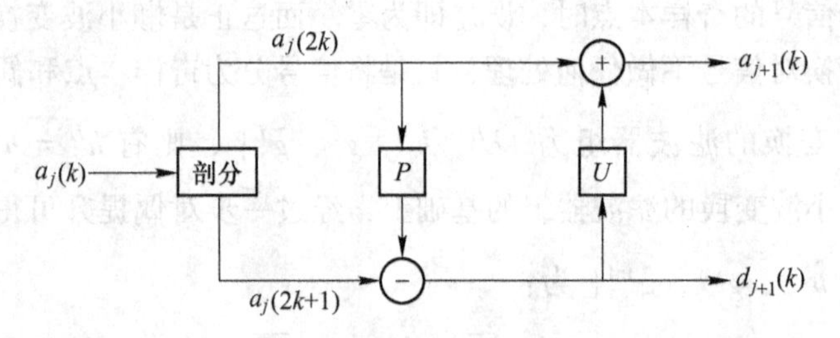

图 2-2　提升小波变换的正变换分解过程

提升小波变换的逆变换重构过程也分为三步：

（1）恢复更新

$$a_{j+1}(k)=a_{j+1}(k)-U[d_{j+1}(k)] \tag{2-31}$$

（2）恢复预测

$$a_{j\_o}(k)=d_{j+1}(k)+P[a_{j+1}(k)] \tag{2-32}$$

（3）合并

$$x_j(2k)=a_{j+1}(k),\quad x_j(2k+1)=a_{j\_o}(k) \tag{2-33}$$

通过式（2-31）~式（2-33）可以看出，由于提升小波变换完全在时域进行，因此其重构过程十分简单，将信号流的方向反向并将原式中的运算符号取反即可。其实现过程如图 2-3 所示。

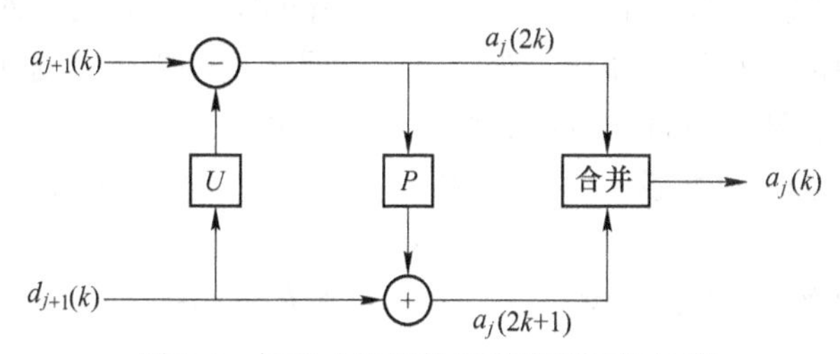

图 2-3 提升小波变换的逆变换重构过程

2.2.3 提升算法与经典小波

令 $\{h, \tilde{h}, g, \tilde{g}\}$ 为双正交小波的滤波器组，其对应的二通道 Mallat 算法等价的 Z 变换如图 2-4 所示。

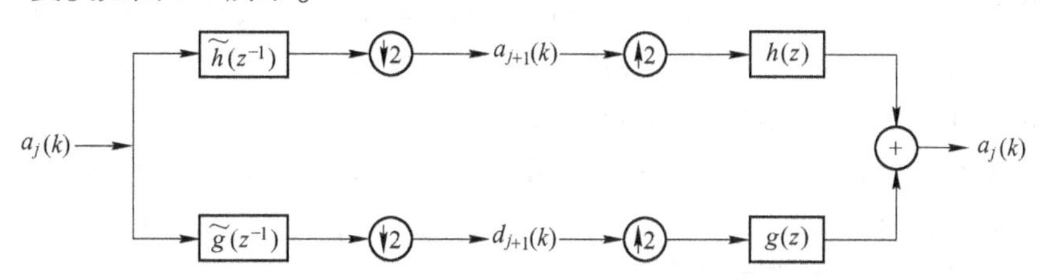

图 2-4 二通道 Mallat 算法的 Z 变换表示

令滤波器 h 的多相位表示为：

$$h(z)=h_e(z^2)+z^{-1}h_o(z^2) \tag{2-34}$$

同理可得 g、$\tilde{h}$ 和 $\tilde{g}$ 的多相位表示形式。则 h 和 g 的多相位矩阵、$\tilde{h}$ 和 $\tilde{g}$ 的对偶多相位矩阵分别定义为[75]：

$$P(z)=\begin{bmatrix} h_e(z) & g_e(z) \\ h_0(z) & g_0(z) \end{bmatrix},\ \tilde{P}(z)=\begin{bmatrix} \tilde{h}_e(z) & \tilde{g}_e(z) \\ \tilde{h}_0(z) & \tilde{g}_0(z) \end{bmatrix} \tag{2-35}$$

则小波变换的多相位表示如图 2-5 所示。

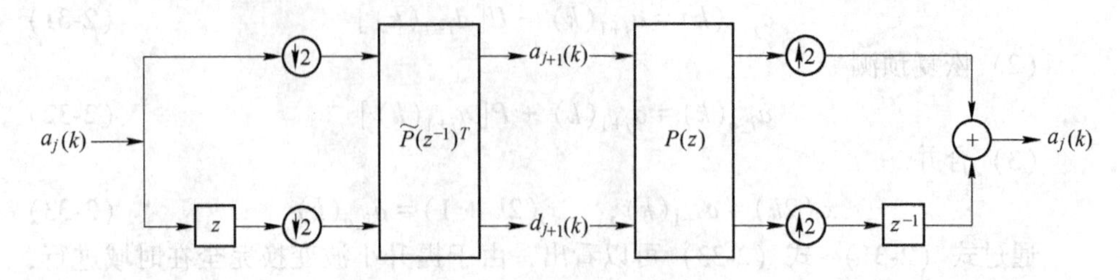

图 2-5　小波变换的多相位表示

从图 2-5 中可以看出，小波变换多相位矩阵的实现过程为：对于正变换，首先将样本划分为奇样本和偶样本，然后应用对偶多相位矩阵；对于逆变换，首先应用多相位矩阵，然后将奇样本和偶样本进行合并。

滤波器 h 为一线性时不变算子并且完全由其冲击响应确定：$\{h_k \in R | k \in Z\}$。仅当滤波器系数 h_k 中非零的系数为有限个，即在有限范围 $k_b \leqslant k \leqslant k_e$ 以外的 h_k 均为零时，称滤波器 h 为有限冲击响应滤波器（FIR），则其 Z 变换为一个 Laurent 多项式 $h(z)$ [10]：

$$h(z) = \sum_{k=k_b}^{k_e} h_k z^{-k} \tag{2-36}$$

定义 1[75]：两个 Laurent 多项式的带余除法：对任意两个 Laurent 多项式 $a(z)$ 和 $b(z)$，其中有 $|a(z)| \geqslant |b(z)|$ 并且 $b(z) \neq 0$，则一定存在 Laurent 多项式（称为商）和 $r(z)$（称为余数），使得 $a(z) = b(z) \cdot q(z) + r(z)$ 成立。其中 $|q(z)| = |a(z)| - |b(z)|$，$|r(z)| < |b(z)|$ 或 $r(z) = 0$。称上述过程为两个 Laurent 多项式的带余除法。由此可给出定理 1 如下。

定理 1[10]：Laurent 多项式的 Euclidean 算法：取两个 Laurent 多项式 $a(z)$ 和 $b(z) \neq 0$ 并且有 $|a(z)| \geqslant |b(z)|$。令 $a_0(z) = a(z)$，$b_0(z) = b(z)$，则令 $i = 0$，1，…n 开始进行如下的递归运算：

$$a_{i+1}(z) = b_i(z) \tag{2-37}$$

$$b_{i+1}(z) = a_i(z) \% b_i(z) \tag{2-38}$$

式中，%为取余数运算符。

则 $a_n(z) = \gcd(a(z),\ b(z))$。其中，$n$ 为使 $b_n(z) = 0$ 的最小数，gcd 表示取最大公因子。设 $b_{i+1}(z) < b_i(z)$，则存在 m，使得 $|b_m(z)| = 0$，因此，当递归进行到 $n = m + 1$ 次时运算结束。若令 $s_{i+1}(z) = a_i(z)/b_i(z)$，则有：

$$\begin{bmatrix} a_n(z) \\ 0 \end{bmatrix} = \prod_{i=n}^{1} \begin{bmatrix} 0 & 1 \\ 1 & -s_i(z) \end{bmatrix} \begin{bmatrix} a(z) \\ b(z) \end{bmatrix} \tag{2-39}$$

其等价于

$$\begin{bmatrix} a(z) \\ b(z) \end{bmatrix} = \prod_{i=1}^{n} \begin{bmatrix} s_i(z) & 1 \\ 1 & 0 \end{bmatrix} \begin{bmatrix} a(z) \\ 0 \end{bmatrix} \tag{2-40}$$

定理 2[10]：给定一组互补的滤波器组（h, g），则总存在 Laurent 多项式 $s_i(z)$ 和 $t_i(z)$，对于 $a \leqslant i \leqslant m$ 以及非零常数 K 有：

$$P(z) = \prod_{i=1}^{m} \begin{bmatrix} 1 & s_i(z) \\ 0 & 1 \end{bmatrix} \begin{bmatrix} 1 & 1 \\ t_i(z) & 0 \end{bmatrix} \begin{bmatrix} K & 0 \\ 0 & 1/K \end{bmatrix} \tag{2-41}$$

同理可得对偶多相位矩阵的计算公式为：

$$\tilde{P}(z) = \prod_{i=1}^{m} \begin{bmatrix} 1 & 1 \\ -s_i(z^{-1}) & 0 \end{bmatrix} \begin{bmatrix} 1 & -t_i(z^{-1}) \\ 0 & 1 \end{bmatrix} \begin{bmatrix} 1/K & 0 \\ 0 & K \end{bmatrix} \tag{2-42}$$

式（2-41）和式（2-42）的具体过程可参见图 1-4。由上述因式分解的结果可知，经典小波可通过提升算法来实现。当正变换分解时，由懒小波变换对信号进行奇偶样本划分开始，经过多步交替的提升和对偶提升，并作尺度化处理，可得到与二通道 Mallat 算法一致的分解结果；而进行逆变换重构时，先经过尺度化处理，再由多步交替的对偶提升和提升步骤，并对所得样本进行合并，即可得到最终的重构信号。

2.2.4 冗余提升小波原理

对信号进行提升小波分解时，将产生如下问题：

（1）提升小波变换的第一步是进行剖分，而这实际上一个隔二采样的过程，得到的奇偶样本的长度均为原信号的一半。随着分解尺度的增加，样本的点数将越来越少，可提供的信息也将随之减少。

（2）由于剖分是一个降采样的过程，高频细节信号的采样率将不再满足奈奎斯特采样定理，因而将发生频率混叠，生成虚假频率成分。

（3）由于剖分过程的存在，当初始信号延时奇数个样本点时，输出结果将发生改变。因此，提升算法不具有平移不变性。

由此可见，上述问题的产生均是由剖分这一环节所引起的。为此，考虑去掉剖分步骤。提升小波变换的多相矩阵表示形式如图 2-6 所示[76]。

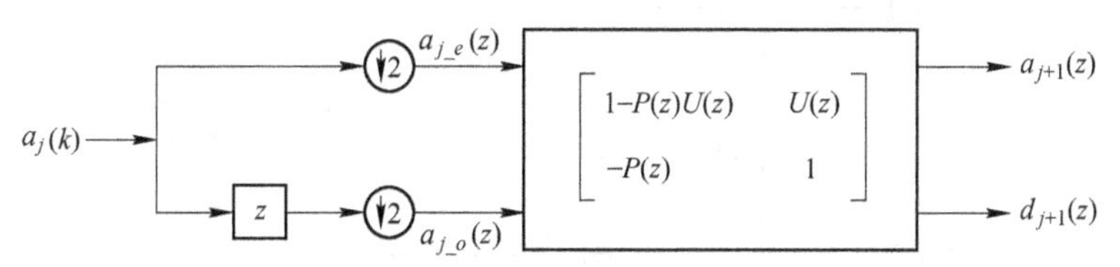

图 2-6 提升小波的多相矩阵表示形式

对图 2-6 作等效易位变换[77]并且去掉隔二抽样步骤，对高频细节信号进行复移位运算，从而得到冗余提升小波的变换矩阵如下[78]：

$$\begin{bmatrix} a_{j+1}(z) \\ d_{j+1}(z) \end{bmatrix} = \begin{bmatrix} 1 & zU(z^2) \\ 0 & 1 \end{bmatrix} \begin{bmatrix} 1 & 0 \\ -z^{-1}P(z^2) & 1 \end{bmatrix} \begin{bmatrix} a_j(z) \\ a_j(z) \end{bmatrix} \tag{2-43}$$

若取 $P_{\text{new}} = z^{-1}P(z^2)$ 和 $U_{\text{new}} = zU(z^2)$ 分别为冗余提升小波的预测算子和更新算子，则冗余提升小波变换的分解过程变为两步：

（1）预测

$$d_{j+1}(k) = a_j(k) - P_{\text{new}}[a_j(k)] \tag{2-44}$$

（2）更新

$$a_{j+1}(k) = a_j(k) + U_{\text{new}}[d_{j+1}(k)] \tag{2-45}$$

具体过程如图 2-7 所示。

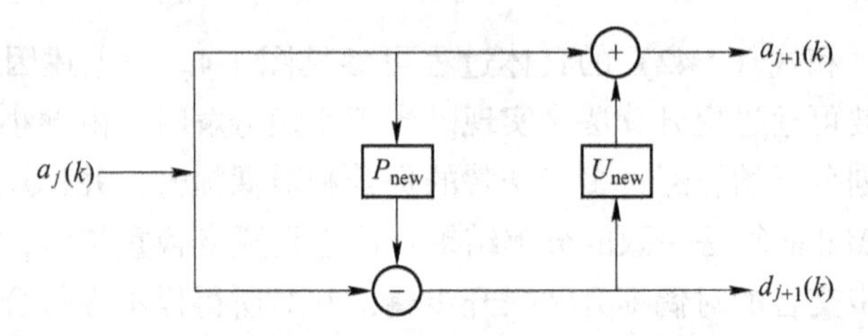

图 2-7　冗余提升小波变换的正变换分解过程

冗余提升算法的重构过程仍然包括三个步骤：

（1）恢复更新

$$a_j^u(k) = a_{j+1}(k) - U_{\text{new}}[d_{j+1}(k)] \tag{2-46}$$

（2）恢复预测

$$a_j^p(k) = d_{j+1}(k) + P_{\text{new}}[a_j^u(k)] \tag{2-47}$$

（3）合并

$$a_j(k) = \frac{1}{2}[a_j^u(k) + a_j^p(k)] \tag{2-48}$$

由式（2-46）~式（2-48）可知，恢复更新和恢复预测的实现方法与提升算法基本相同，但是合并以得到重构信号的过程变为：对恢复更新和恢复预测分别得到的样本 $a_j^u(k)$ 和 $a_j^p(k)$ 取平均。其实现过程如图 2-8 所示。

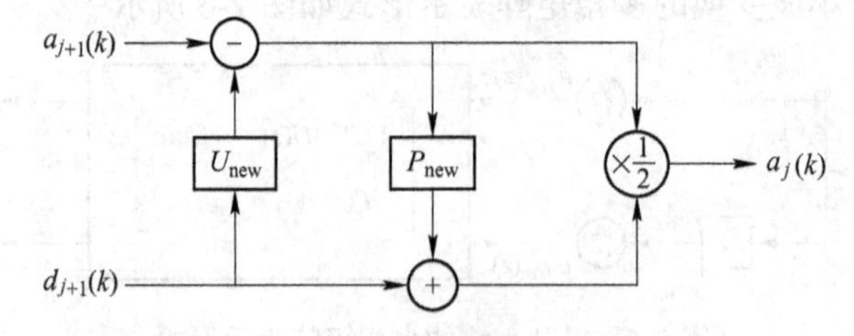

图 2-8　冗余提升小波变换的逆变换重构过程

根据式（2-44）和式（2-45），引入 *aatrous* 算法，可得冗余提升小波预测算子和更新算子的设计方法：首先，计算获取初始的预测算子系数 $P_{ini}=\{p_1, p_2, \cdots, p_N\}$ 和更新算子的系数 $U_{ini}=\{u_1, u_2, \cdots, u_{\tilde{N}}\}$（其中，$N$ 和 $\tilde{N}$ 分别为预测算子长度和更新算子长度）；然后，对 P_{ini} 和 U_{ini} 进行插值补零得到 $P_{ini}=\{p_1, 0, p_2, 0, \cdots, 0, p_N\}$ 和 $U_{ini}=\{u_1, 0, u_2, 0, \cdots, 0, u_{\tilde{N}}\}$，逐层依此进行，得到各个尺度下用于进行提升小波分解的不同的预测算子和更新算子，从而实现冗余算法。经冗余提升小波分解得到各尺度下的低频逼近信号和高频细节信号的样本长度均相同，并与初始信号长度亦相同。

2.2.5 节点信号的单支重构算法

小波变换具有"滤波"的特点，其分解过程即是一个滤波的过程。经过逐层分解，初始信号被分解到互不重合的一定的频带范围内，从而得到不同尺度下分别对应于不同频率范围的低频逼近信号 $a_j(k)$ 和高频细节信号 $d_j(k)$ 。而信号中的特征信息往往存在于某一频带范围内，若对该频带对应的 $a_j(k)$ 或 $d_j(k)$ 作单支重构，则可通过小波的"滤波"特性实现对该感兴趣成分的单独提取，从而更好地捕捉到特征。

对于提升小波变换，节点信号单支重构的具体步骤如下：

（1）低频逼近信号 $a(k)$

$$a_{j\_e}(k)=a_{j+1}(k) \tag{2-49}$$

$$a_{j\_o}=P[a_{j\_e}(k)] \tag{2-50}$$

$$a_j(2k)=a_{j\_e}(k),\quad a_j(2k+1)=a_{j\_o}(k) \tag{2-51}$$

（2）高频细节信号 $d_{j+1}(k)$

$$a_{j\_e}(k)=-U[d_{j+1}(k)] \tag{2-52}$$

$$a_{j\_o}=d_{j+1}(k)+P[a_{j\_e}(k)] \tag{2-53}$$

$$a_j(2k)=a_{j\_e}(k),\quad a_j(2k+1)=a_{j\_o}(k) \tag{2-54}$$

其实现过程如图 2-9 所示。

循环进行步骤，即式（2-49）~式（2-51）、式（2-52）~式（2-54），即图 2-9 中的重构过程，直至重构次数等于分解的次数，则可分别得到 $a_{j+1}(k)$ 和 $d_{j+1}(k)$ 最终的单支重构结果。

对于冗余提升小波变换，节点信号单支重构的具体步骤如下：

（1）低频逼近信号 $a_{j+1}(k)$

$$a_j^u(k)=a_{j+1}(k) \tag{2-55}$$

$$a_j^p(k)=P_{\text{new}}[a_j^u(k)] \tag{2-56}$$

$$a_j(k)=\frac{1}{2}[a_j^u(k)+a_j^p(k)] \tag{2-57}$$

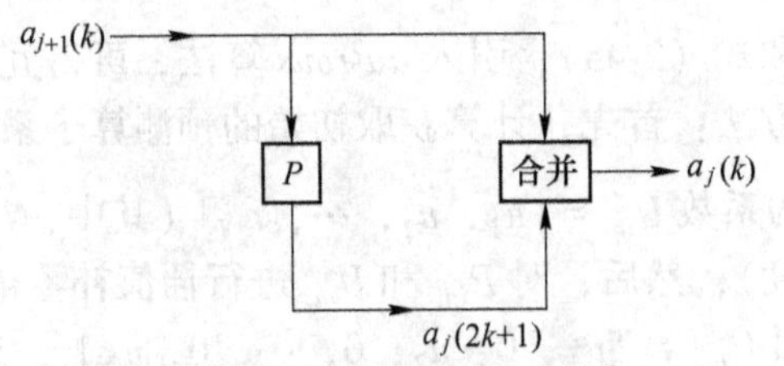

低频逼近信号的单支重构过程

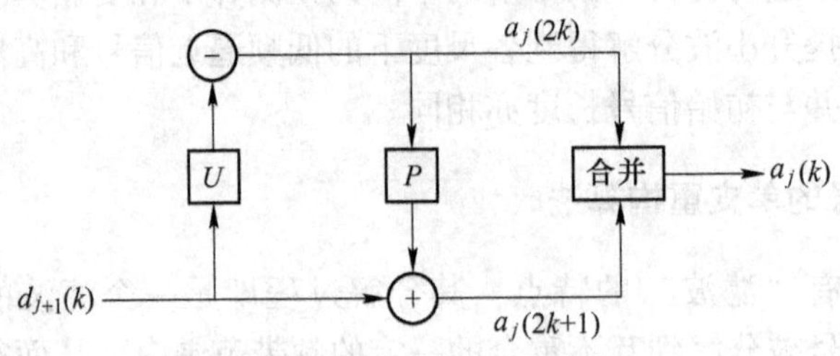

高频细节信号的单支重构过程

图 2-9　提升小波变换节点信号的单支重构过程

（2）高频细节信号 $d(k)$

$$a_j^u(k) = -U_{\text{new}}[d_{j+1}(k)] \tag{2-58}$$

$$a_j^p(k) = d_{j+1}(k) + P_{\text{new}}[a_j^u(k)] \tag{2-59}$$

$$a_j(k) = \frac{1}{2}[a_j^u(k) + a_j^p(k)] \tag{2-60}$$

其实现过程如图 2-10 所示。

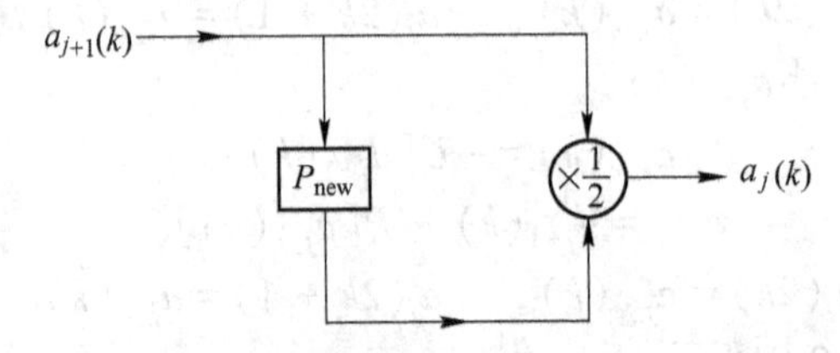

低频逼近信号的单支重构过程

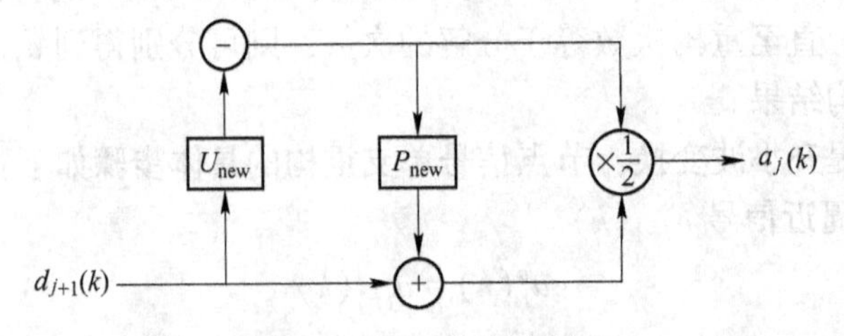

高频细节信号的单支重构过程

图 2-10　冗余提升小波变换节点信号的单支重构过程

循环进行步骤，即式（2-55）~式（2-57）、式（2-58）~式（2-60），即图 2-10 中的重构过程，直至重构次数等于分解的次数，则可分别得到 $a_{j+1}(k)$ 和 $d_{j+1}(k)$ 最终的单支重构结果。

2.3 小波阈值降噪理论

实际信号中通常含有噪声，给信号的分析带来了较大困难。因此，需要采用有效的方法和技术来尽可能地滤除噪声，提高信噪比，以增加信号识别的准确性。小波阈值降噪的理论基础在于，信号和噪声在小波域具有不同的形态表现，两者各自的细节系数幅值随尺度变化的趋势不同。因而，通过构造相应规则，对细节系数做一定的运算处理，以达到在最大限度地滤除噪声的同时，也尽力保留真实信号完整性的目的。

2.3.1 阈值降噪过程

小波阈值降噪的过程分为三个步骤[79]：

（1）小波分解。确定分解的层数，对信号进行小波分解，得到各个尺度下的逼近系数和细节系数。

（2）非线性阈值量化处理。选用阈值函数，确定降噪阈值，对各个尺度下的细节系数作阈值量化处理。

（3）信号重构。对经过降噪处理之后的节点信号进行逆向重构。

2.3.2 阈值函数的选取

应用最为普遍的阈值函数是由 Donoho 定义的硬阈值函数和软阈值函数。令 t 为阈值，d 为小波分解得到的细节系数，d_t 为阈值量化处理之后得到的细节系数，则两类函数的表达式如下所示[80]：

（1）硬阈值函数

$$d_t = \begin{cases} d & |d| \geqslant t \\ 0 & |d| < t \end{cases} \tag{2-61}$$

即当细节系数大于或等于阈值时，结果保持不变；而当细节系数小波阈值时，则将其置为零。

（2）软阈值函数

$$d_t = \begin{cases} sign(d) \cdot (|d| - t) & |d| \geqslant t \\ 0 & |d| < t \end{cases} \tag{2-62}$$

在这一处理方法中，当细节系数大于或等于阈值时，将其减去阈值作为处理的结果；而当细节系数小波阈值时，将其置为零。

2.3.3　阈值的选取

常用的自适应阈值生成规则主要有四种[81]。令 σ 为噪声标准方差，N 为信号的样本长度，则规则的计算方法如下：

（1）通用阈值规则（Sqtwolog）：这是一种固定的阈值形式，其计算公式为：

$$t_{Sqt} = \sigma\sqrt{2\ln N} \tag{2-63}$$

（2）极大极小方差阈值（Minimaxi）：这也是一种固定的阈值生成方式，由该规则可在给定的函数中实现最大均方误差最小化。其具体计算公式为：

$$t = \begin{cases} \sigma \cdot (0.3936 + 0.1829 \cdot \log_2 N) & N > 32 \\ 0 & N \leqslant 32 \end{cases} \tag{2-64}$$

（3）基于 Stein 无偏似然估计的阈值（ Rigrsure）：给定一个阈值 t，得到其似然估计，再将非似然 t 最小化，即可得到所选的阈值。

（4）启发式阈值（ Heursure）：该规则是 Sqtwolog 和 Rigrsure 两种规则的综合，利用启发函数将自动在两个阈值中选取一个。令 s 为信号的最大奇异值，$t_1 = (s^2 - N)/N$，$t_2 = \log_2 N^{1.5}/\sqrt{N}$，则该规则的计算方法为：

$$t_{Heu} = \begin{cases} t_{Sqt} & t_1 < t_2 \\ \min(t_{Sqt},\ t_{Rig}) & t_1 \geqslant t_2 \end{cases} \tag{2-65}$$

在以上四种规则中，规则（2）和规则（3）较为保守，因此当信号的高频信息有很少一部分在噪声范围内时，这两种规则非常有用，可将弱小的信号提取出来；而另两种规则可以更有效地滤除噪声，但也可能将有用信号的高频部分当成噪声给滤除。

2.4　滚动轴承的故障分析基础

轴承在运行过程当中，受到各种复杂因素影响，加之自身长时间的运行损耗，故障的发生在所难免。根据故障的振动信号在特征上反映出的不同，轴承在运行过程中的故障可分为两类[82]：

（1）磨损类故障。这是一种渐变性故障。当发生这一类故障时，振动信号与正常轴承的振动信号具有相同的性质，均呈现出无规则和随机性较强的特点。其不同之处在于：由磨损故障引起的振动信号的幅值要高于正常轴承振动信号的幅值。但是，这种故障不会马上导致轴承的损坏，其危害程度较小。因此，在生产实际中，人们更为关注的是轴承表面的损伤性故障。

（2）损伤性故障。一旦发生这种故障，损伤点与轴承元件表面碰撞时将产生突变的冲击脉冲力。由于该脉冲力为无限带宽信号，覆盖任何频率成分，因而将引起轴承系统发生共振。为此，对其可建立单自由度振动模型。又因为冲击脉冲力的持续时间极短，因此，可将该振动视为有阻尼的自由振动，从而可建立运动微分方程为：

$$m\ddot{x} + c\dot{x} + kx = 0 \tag{2-66}$$

对式（2-66）的微分方程求解，得到方程的通解为：

$$x = B_1 e^{(-\xi + \sqrt{\xi^2 - 1})w_n t} + B_2 e^{(-\xi - \sqrt{\xi^2 - 1})w_n t} \tag{2-67}$$

式中　$w_n = \sqrt{k/m}$ 为系统固有频率；$\xi = c/2mw_n$ 为阻尼比；B_1 和 B_2 为任意实数。由通解可知，振动主要与 w_n 和 ξ 有关。

对于 ξ，在轴承实际运行过程中，一般将阻尼 c 简化为黏性阻尼（与速度呈线性关系）且为弱阻尼振动（$0 < \xi < 1$）。取 $w_d = \sqrt{1 - \xi^2} w_n$，则方程的通解为：

$$\begin{aligned} x &= B_1 e^{(-\xi w_n + j w_d)t} + B_2 e^{(-\xi w_n - j w_d)t} \\ &= e^{-\xi w_n t}[(B_1 + B_2)\cos w_d t + j(B_1 - B_2)\sin w_d t] \\ &= e^{-\xi w_n t}(D_1 \cos w_d t + j D_2 \sin w_d t) \\ &= A e^{-\xi w_n t}\sin(w_d t + \varphi) \end{aligned} \tag{2-68}$$

式（2-68）中，A 和 φ 可由初始位移 x_0 和初始速度 $\dot{x}_0$ 来确定：

$$A = \sqrt{D_1^2 + D_2^2} = \sqrt{x_0^2 + \left(\frac{\dot{x}_0 + \xi w_n x_0}{w_d}\right)^2} \tag{2-69}$$

$$\varphi = \arctan \frac{x_0 w_d}{\dot{x}_0 + \xi w_n x_0} \tag{2-70}$$

从式（2-68）的求解结果可知，当轴承发生损伤性故障时，在冲击脉冲力的作用下所得到的振动信号是一种单边振荡衰减的调幅信号，其示意图如图 2-11 所示。该信号的载波频率为 w_d，在弱阻尼情形下可近似为固有频率 w_n；其幅值则与冲击脉冲力的幅值呈现相同趋势的变化，反映了故障的严重程度。

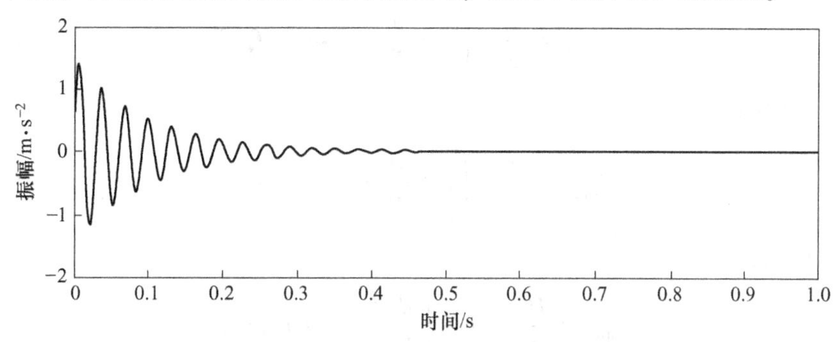

图 2-11　单次冲击脉冲力的振动响应示意图

同时，轴承元件具有随轴旋转工作的特点。因此，其故障振动信号中将出现周期性的振动冲击。这一周期及其对应的故障特征频率与轴承的几何尺寸和转轴的参数有关。将轴承与转轴的相关参数分别表示为：轴承的节径为 D，滚动体的直径为 d，接触角为 α，滚动体的个数为 z，轴的转频为 f_s，则轴承各元件之间相对运动关系如图 2-12 所示。

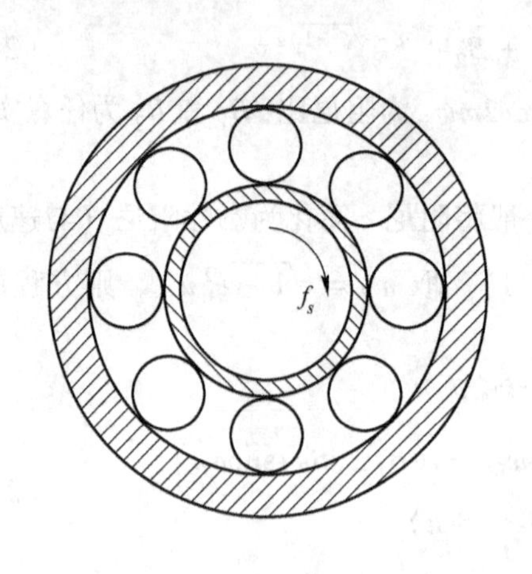

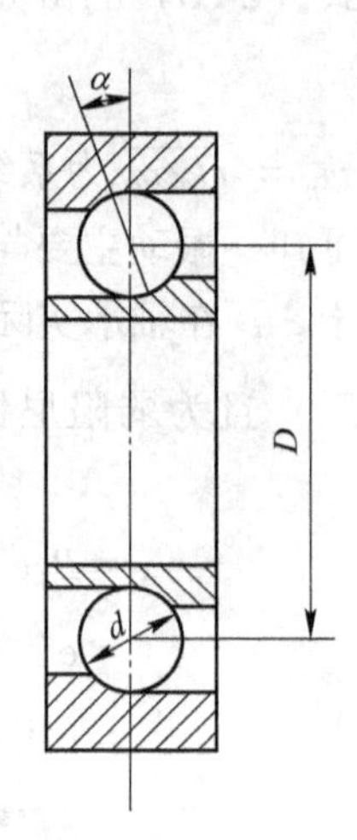

图 2-12　滚动轴承各元件之间运动关系示意图

根据轴承的工作特点和其各元件相应的结构特点，轴承不同元件发生损伤性故障时，其振动信号也将呈现出不同特点。取由轴承损伤性故障引起的振动冲击的周期为 T，则轴承外圈和内圈的振动响应如图 2-13 所示。

在工程实践中，多是在时域分析的基础上，进一步进行频谱分析，通过检测故障相关的频率成分来检测轴承的运行状态。对于外圈固定而内圈随着转轴转动的滚动轴承，结合以上轴承与转轴的相关参数，轴承各元件在理论上的故障特征频率的计算公式分别为：

（1）外圈

$$f_{\text{outer}} = \frac{z}{2} \cdot \left(1 - \frac{d}{D} \cdot \cos\alpha\right) \cdot f_s \tag{2-71}$$

（2）内圈

$$f_{\text{inner}} = \frac{z}{2} \cdot \left(1 + \frac{d}{D} \cdot \cos\alpha\right) \cdot f_s \tag{2-72}$$

（3）滚动体

$$f_{\text{roller}} = \frac{D}{d} \cdot \left[1 - \left(\frac{d}{D}\right)^2 \cdot \cos^2\alpha\right] \cdot f_s \tag{2-73}$$

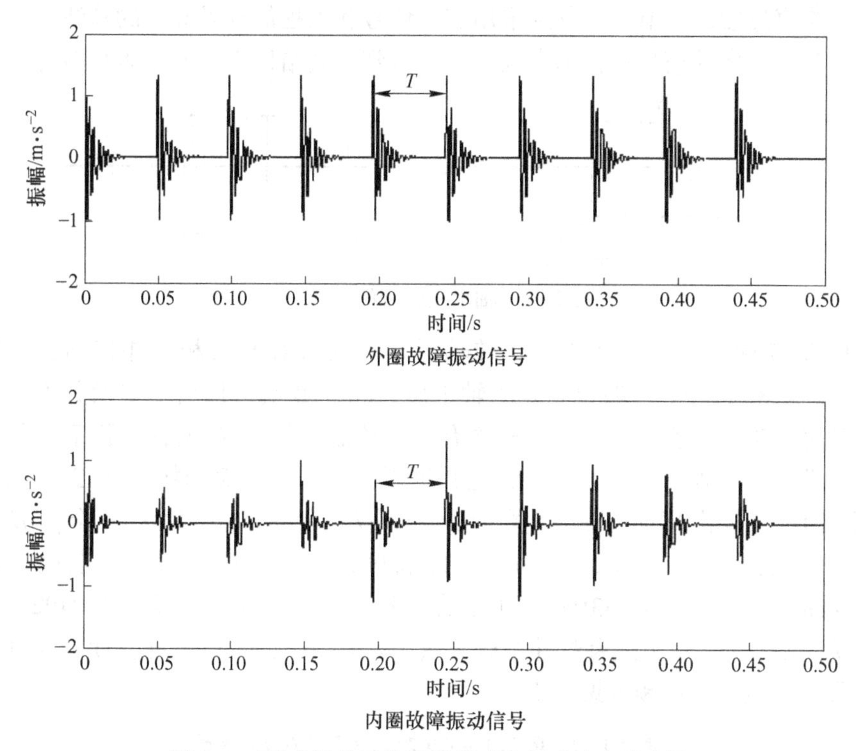

图 2-13 滚动轴承元件周期性冲击振动响应示意图

（4）保持架

$$f_{\mathrm{cage}} = \frac{f_s}{2} \cdot \left(1 - \frac{d}{D} \cdot \cos\alpha\right) \tag{2-74}$$

采用一定的分析方法对轴承的振动信号进行处理，当在频谱中能提取出根据上述公式计算得到的某一个或几个故障特征频率甚至其倍频成分时，如图 2-14 所示（图中 f 为轴承某一元件的故障特征频率），则可以判断滚动轴承已经发生损伤性故障，并可相应判别出故障所在的位置。

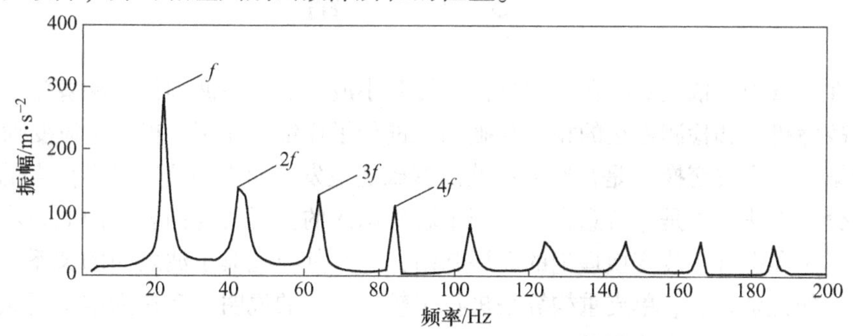

图 2-14 滚动轴承元件周期性冲击振动信号频谱图

在本书后续的章节中，分别采用实验信号和工程信号对提出的算法进行方法验证。其中，实验信号从轴承实验台采集得到，其结构简图如图 2-15 所示。

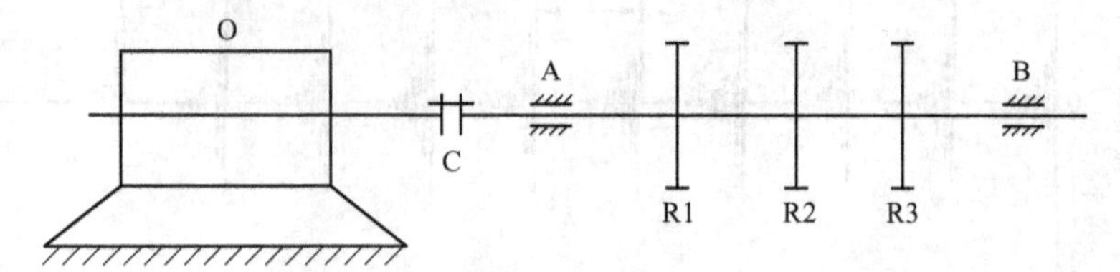

图 2-15　轴承实验台的结构简图

图 2-15 中，左端 O 为电机，转轴通过联轴器 C 与其相连并带动三个转子 R1、R2 和 R3 旋转。A 端和 B 端为轴承座，其中 B 端可以灵活更换并安放具有不同故障的轴承。实验过程中，取含有滚动体故障的 6307 型轴承置于 B 端，并将传感器垂直安置于 B 的上方后通过数据采集器来采集振动加速度信号。其中，所用 6307 型深沟球轴承的相关参数分别为：滚动体个数为 8 个，节径为 57. 5mm，滚动体直径为 13. 636mm，接触角为 0°。实验过程中，电机转速为 1496r/min（转频为 24. 933Hz），所用数据采集器的采样点数设置为 8192，采样频率为 15360Hz。由上述参数并结合式（2-71）~式（2-74），可以计算得到该轴承各元件的故障特征频率见表 2-1。

表 2-1　轴承实验台 6307 型轴承相关故障参数

故障部位	内圈	外圈	滚动体	保持架
故障特征频率/Hz	123. 386	76. 081	99. 223	9. 51

本书后续的算法应用和验证章节中，即通过对表 2-1 所示的内圈 123. 386Hz、外圈 76. 081Hz、滚动体 99. 223Hz、保持架 9. 51Hz 的故障特征频率（基频）及其倍频成分进行分析识别，来判断实验用滚动轴承是否发生故障以及发生故障的轴承元件。

2.5　小　　结

在本章中，依次对经典小波分析、提升小波分析、小波阈值降噪算法、滚动轴承故障机理和检测方法的相关基础知识进行了详细的介绍。提升小波变换（也称为第二代小波变换）是在经典小波的基础之上发展而来的具有诸多优点的时频联合分析方法，也是作者意在本书当中着重论述的主要研究内容。因此，本章对提升算法和提升小波变换理论的发展脉络，以及其与经典小波之间的关系、其相关理论如冗余算法、单支重构算法进行了较为全面的说明，旨在为本书后续章节的展开奠定良好的理论基础。

3 自适应冗余提升小波包分析

提升算法一个非常重要的特点在于：小波函数不再是由“母小波”经过伸缩和平移得到，其构造不依赖于傅里叶变换而是完全在时域进行，因此为小波分解时在同一层和不同层设计不同的预测算子和更新算子提供了可能。基于上述思想，Claypoole 等提出了非线性提升算法，即根据图像的局部特性来选取不同的预测算子[83]。在图像局部光滑处，相邻样本之间的相关性很强，因此选用具有高阶消失矩的预测算子；在图像的边缘附近，相邻样本之间的相关性很弱，因而选用低阶的预测算子。由此可知，这种依据样本相关性来确定预测算子的提升小波变换是一种非线性变换，而提升算法确保了变换的可逆性。

结合提升算法的这一特点和已有的研究，在本章中介绍一种自适应冗余提升小波包分析，并对小波包算法中存在的频率混叠和频带交错问题加以解决，然后将这种新的分析方法应用于滚动轴承的故障诊断。

3.1 自适应冗余提升算法

对信号进行小波包分解之后，所得到的各尺度下的节点信号含有的特征信息各不相同；而小波分析的优点之一便是利用其对信号良好的时频局部化表征能力将信号中与其“相似”的特征成分较好地提取出来。基于这一特点分析，考虑每次对亟待分解的节点信号进行冗余提升小波包分解时，均选用具有不同消失矩阶数的预测算子和更新算子，以期尽可能地匹配待分解信号中含有的特征信息。对于小波包分析，在对信号作第 j 层分解时，需要对该层所有的 2^j 个待分解节点信号逐一选取最为匹配的预测算子和更新算子，因此共将进行 2^j 次选取。

3.1.1 预测算子与更新算子设计

首先，根据插值细分方法设计各层分解时的初始预测系数和更新系数；然后引入 *atrous* 算法对初始系数进行插值补零运算。对于第 j 层的分解，在初始预测系数和更新系数之间插入 2^j-1 个零值，从而得到该层的预测系数和更新系数；接下来，由尺度函数和小波函数的时频特性，即[78]：

(1) 当预测算子长度 N 较小时，即使增大更新算子长度 $\tilde{N}$，尺度函数和小波函数的频率特性也无法得到改善；而当 N 逐渐增大时，尺度函数和小波函数的频率特性将随之得以改善。

（2）当 N 的增大不很明显时，尺度函数和小波函数的频率特性的改善也并不明显。

根据（1）和（2），选取多组具有不同长度的预测算子和更新算子并且令 $\tilde{N} < N$，分别对每一个待分解的节点信号进行分解，进而从相应得到的多组分解结果当中选取最能匹配这一节点信号特征的最优结果，用于下一层的继续分解或进一步的分析。但究竟哪一组预测算子和更新算子是最匹配于该节点信号的最优算子，这一问题可通过建立目标函数来有效解决。

3.1.2　l^p 范数

信号经过冗余提升小波包算法分解之后，可由一系列不同尺度下的逼近系数和细节系数来表征。在小波应用的诸多领域如信号降噪和图像压缩等，往往希望不为零的细节系数越少越好。而经典小波具有选基灵活的特点；提升小波变换则因其时域进行的特点增加了对预测算子和更新算子选取的自由性。那么，哪一种小波才是最匹配于信号特征并满足于分析要求的最优小波？结合公式可知，小波变换是信号与小波函数之间的内积运算，而信号的自相关函数和互相关函数也可表示成内积的形式，因此，小波变换可以视为小波函数与信号相关性或相似性的度量[84]。若所选的小波函数与信号中感兴趣的特征越相似，则细节系数（也即小波系数）将越大，从而越能突出这一特征而抑制信号中的其他成分。因而可将与信号特征具有最大的相似性作为最优小波的选取准则。接下来的问题是：应该如何度量信号与小波之间的相似性呢？由于小波变换的目的在于，用尽可能少的小波系数来表征初始信号，因此，可将“稀疏性”作为相似性的评价准则之一[85]。

目前，稀疏性的评估参数有很多。对于不含有噪声的情形，通常采用 l^0 范数（即数据向量中非零元素的个数）或 Shannon 熵准则来衡量样本的稀疏性；对于含有噪声的情形，由于较弱噪声的加入很可能使原本稀疏的样本变成完全非稀疏的样本，因此需要选取其他参数[86]。常用的方法是应用 l^p 范数来代替 l^0 范数，其定义如下[87]：

$$\|x\|_p = \left(\sum_k |x_k|^p \right)^{1/p} \tag{3-1}$$

l^0 范数是 l^p 范数在 $p \to 0$ 时的极限。为了使 l^p 范数尽可能逼近 l^0 范数，通常对 p 取很小的值。在采用多组不同长度的预测算子和更新算子对信号进行冗余提升小波包分解时，若信号中的特征成分与其中某一组预测算子和更新算子对应的小波函数越相似，则得到的细节系数将越大。而根据能量守恒定理，信号中其他成分的细节系数将越小甚至趋近于零。此时，细节系数中的非零元素个数将减少，系数变得更为稀疏，对应的 l^p 范数也将越小。因此可知，应取分解所得系数的 l^p 范数最小者对应的预测算子和更新算子为最优算子。

为简化计算和便于比较，对由小波包分解得到的节点信号，做归一化处理并求取 l^p 范数。令初始信号 X 的样本长度为 $\widetilde{L}$，设第 j 层的待分解节点信号为 $x_{j,m}(m=1,2,\cdots,2^j)$，经过分解，可得第 $j+1$ 层的节点信号为 $x_{j+1,n}(n=1,2,\cdots,2^{j+1})$。对 $x_{j+1,n}$ 求归一化 l^p 范数，即

$$\|x_{j+1,n}\|_p=\left(\sum_k x_{j+1,n(k)}\Big/\sum_k x_{j+1,n(k)}\Big|^p\right)^{1/p},\qquad p\leqslant 1,\ n=1,2,\cdots,2^j \tag{3-2}$$

式中，$x_{j,n(k)}(k=1,2,\cdots,\widetilde{L}/2^j)$ 为第 j 层的第 n 个节点信号中的第 k 个样本数据。

由于小波包分析同时对低频逼近信号和高频细节信号进行分解，因此取

$$l^p_{(x_j,m)}=\|x_{j+1,2m-1}\|_p+\|x_{j+1,2m}\|_p,\qquad p\leqslant 1;\ m=1,2,\cdots,2^{j-1} \tag{3-3}$$

式中，$l^p_{(x_j,m)}$ 为被分解的第 j 层的第 m 个小波包节点信号的归一化 l^p 范数。

选用多组小波函数对 $x_{j,m}$ 做分解后，可对应得到多个 $l^p_{(x_j,m)}$，以其中取值最小者对应的那组预测算子和更新算子为最优算子，其分解结果为最优结果。

综上，自适应冗余提升小波包分解算法分为以下五个步骤：

（1）确定分解层数 i；

（2）选取多组具有不同消失矩的小波函数对 $x_{j,m}(1\leqslant j\leqslant i)$ 进行小波包分解；

（3）对分解得到的 $x_{j+1,n}$ 求归一化 l^p 范数；

（4）取最小的 $l^p_{(x_j,m)}$ 对应的预测算子和更新算子为 $x_{j,m}$ 的最优算子，并取该组算子的分解结果作为最优结果；

（5）重复上述步骤（2）~（4），直到 i 层分解全部完成。

3.2 改进的小波包算法

提升小波包变换中存在着两个十分突出的问题：频率混叠和频带交错。忽略这些问题将对信号的处理结果产生重要影响。因此，本章从引起上述问题的原因出发进行探究，提出改进算法以解决这两个突出问题。

3.2.1 频率混叠

同经典小波变换，频率混叠现象也存在于提升小波变换中。引起这一现象的

原因有二[73]：

（1）提升算法中的第一步为剖分，其本质也是一个隔二采样的降采样过程，小波包分解时细节系数的采样率将不再满足奈奎斯特采样定理，因而将以 $f_s/2^{j+1}$（f_s 为采样频率，j 为分解层数）为对称中心发生频率混叠，生成虚假的频率成分。

（2）预测算子和更新算子所对应的高通滤波器和低通滤波器的非理想截止特性，使得位于滤波器过渡带内其他节点信号的频率成分将以该节点的频带边界 $\left[\frac{v}{2^{j+1}}f_s,\ \frac{v+1}{2^{j+1}}f_s\right]$（$f_s$ 为采样频率，j 为分解层数，$v=0,\ 1,\ \cdots,\ 2^j-1$）为对称中心发生频率对折。

对于由原因（1）引起的频率混叠问题，提出如下两个解决方法：

（1）去掉分解过程中的剖分步骤，引入 *àtrous* 算法实现冗余提升小波变换；

（2）对节点信号进行单支重构，使在分解过程中发生折叠的频率成分在重构过程中反向折叠回来。

而对由原因（2）引起的频率混叠问题，采用如下步骤加以解决：

（1）对样本长度为 $\tilde{L}$ 的信号 X 进行冗余提升小波包变换，得到各个节点信号 $x_{j,n}(k)$（j 为当前分解层数；$n=1,\ 2,\ \cdots,\ 2^j$ 为该层节点信号的序号；$k=1,\ 2,\ \cdots,\ \tilde{L}$ 为 $x_{j,n(k)}$ 中的第 k 个样本数据。

（2）对所有的 $x_{j,n}(k)$ 进行 FFT 变换：

$$X_{j,n}(k')=\sum_{k=0}^{\tilde{L}-1}x_{j,n}(k)W_{\tilde{L}}^{k'k},\quad k'=0,\ 1,\ \cdots,\ \tilde{L}-1 \tag{3-4}$$

以上公式中，$W_{\tilde{L}}=\mathrm{e}^{-j\frac{2\pi}{\tilde{L}}}$。

（3）将 $x_{j,n}(k)$ 所在频带以外的频率成分置零：

$$\begin{cases}\tilde{X}_{j,n}(k')=X_{j,n}(k'), & X_{j,n}(k')\in\left[\dfrac{n-1}{2^{j+1}}f_s,\ \dfrac{n}{2^{j+1}}f_s\right]\\ \tilde{X}_{j,n}(k')=0, & \text{其他}\end{cases} \tag{3-5}$$

（4）对经过处理得到的 $\tilde{X}_{j,n}(k')$ 进行 $IFFT$ 变换：

$$\tilde{x}_{j,n}(k)=\frac{1}{\tilde{L}}\sum_{k'=0}^{\tilde{L}-1}\tilde{X}_{j,n}(k')W_{\tilde{L}}^{-kk'},\quad k'=0,\ 1,\ \cdots,\ \tilde{L}-1 \tag{3-6}$$

3.2.2　频带交错

除了频率混叠问题，提升算法中还存在频带交错的问题。采用冗余提升算法虽然能够解决由于剖分降采样的过程所引起的频率混叠问题，但却无法解决频带交错问题。给出一个仿真信号如下来阐述这一问题：

$$s = \sin(2\pi \times 120t) + \sin(2\pi \times 160t) + \sin(2\pi \times 360t) + \sin(2\pi \times 400t) \tag{3-7}$$

对其进行冗余提升小波包分解，结果如图 3-1 所示。

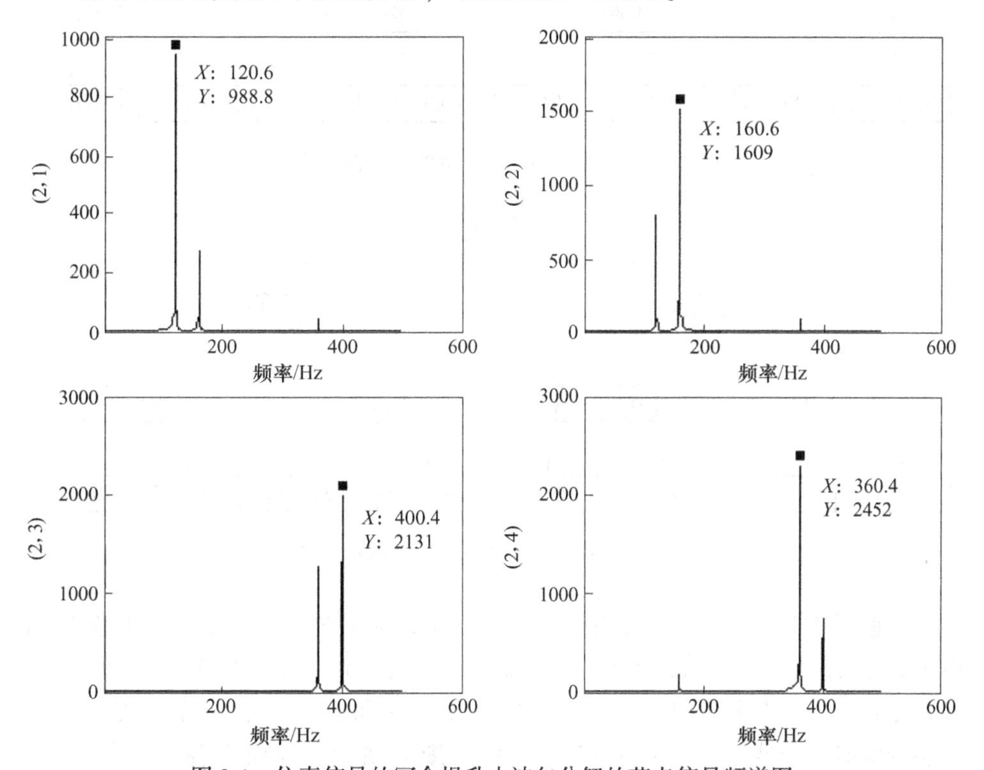

图 3-1 仿真信号的冗余提升小波包分解的节点信号频谱图

从图 3-1 中可见，节点（2，3）和（2，4）仍然发生了频带互换。由此可知，剖分引起的降采样以及由此导致的频率关于对称中心的对折并非是引起频带交错的根本原因，其根本原因在于滤波器的非理想截止特性所引起的频率混叠。对信号进行多层冗余提升小波包分解（以三层分解为例），可得到各个节点信号的排列顺序如图 3-2 所示。

从图 3-2 中可看出，从第二层开始往后，各层的分解结果都出现了频带交错现象。同时，从图中也可以发现，交错现象的发生是有规律可循的，即对各层的细节系数进行分解时，所得到的两个新的节点信号将发生互换。根据这一规律，采用如下方法来解决频带交错问题：每次对各层的高频节点信号进行小波包分解时，将所得的新的高、低频两个节点信号进行互换，逐层依次进行，以最终得到理论上的节点信号依顺序排列的分解结果。图 3-3 所示为解决频带交错问题的示意图。

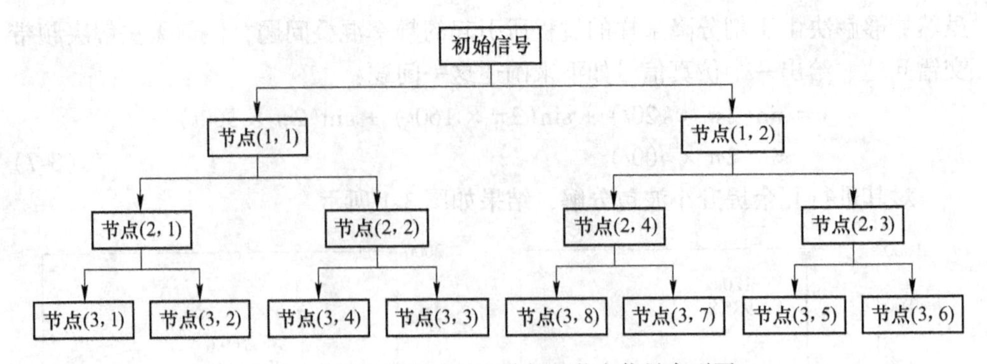

图 3-2　冗余提升小波包分解的节点信号序列图

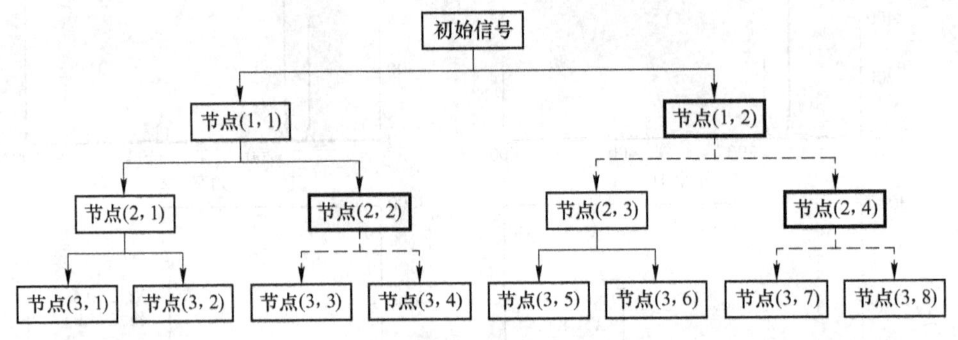

图 3-3　频带交错问题解决方法示意图

根据图 3-3，第一层对初始信号进行分解，无需进行互换；第二层分解时，由于 (1，2) 为细节系数，因此将其分解结果 (2，4) 和 (2，3) 互换得到 (2，3) 和 (2，4)，最终得到 (2，1)、(2，2)、(2，3) 和 (2，4) 的依序排列结果；第三层分解时，节点 (2，2) 和 (2，4) 均为细节系数，因而将各自的分解结果 (3，4) 和 (3，3) 互换得到 (3，3) 和 (3，4)、(3，8) 和 (3，7) 互换得到 (3，7) 和 (3，8)，最终得到了依顺序排列的分解结果。逐层采用上述方法，直至分解完成。

3.3　算法的总体框架

3.3.1　正变换分解过程

根据上述内容，改进的自适应冗余提升小波包正变换分解过程如图 3-4 所示。

图 3-4 中，NL 为基于 $l^p(p \leqslant 1)$ 范数的自适应算子，用以自适应地选取匹配于节点信号特征的最优预测算子和更新算子；P_{new} 和 U_{new} 分别为冗余预测算子和

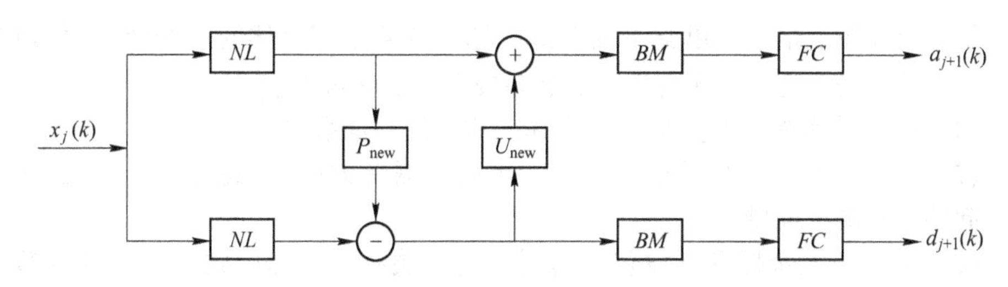

图 3-4 改进的自适应冗余提升小波包正变换框图

更新算子；*BM* 为用于解决频带交错的算子；*FC* 为用于消除频率混叠的算子。对第 j 层待分解的节点信号 $x_j(k)(k=1, 2, \cdots, \widetilde{L})$ 进行上述正变换可得到低频逼近信号 a 和高频细节信号 $d_{j+1}(k)$ ，继续对 $a_{j+1}(k)$ 和 $d_{j+1}(k)$ 分别重复上述正变换过程即可实现多层分解。

3.3.2 节点信号单支重构算法

当滚动轴承发生损伤性故障时，损伤点与轴承元件表面的碰撞将会产生突变的冲击脉冲力，从而引起单边振荡衰减的调幅信号的产生，结合共振现象，将在频谱上产生含有丰富特征信息的能量集中的高频谱峰群。为此，可以根据第 2 章第 2.2.5 节所述的内容，通过对节点信号进行单支重构来单独提取谱峰群所在频率范围内的特征信息。

由本章论述的自适应方法，结合第 2 章的单支重构算法，可得到自适应冗余提升小波变换节点信号单支重构的具体步骤如下：

（1）低频逼近信号 $a_{j+1}(k)$

$$x_j^u = a_{j+1}(k) \tag{3-8}$$

$$x_j^p = P_{j,\mathrm{opt}}[x_j^u(k)] \tag{3-9}$$

$$x_j(k) = \frac{1}{2}(x_j^u(k) + x_j^p(k)) \tag{3-10}$$

（2）高频细节信号 $d_{j+1}(k)$

$$x_j^u(k) = -U_{j,\mathrm{opt}}[d_{j+1}(k)] \tag{3-11}$$

$$x_j^p(k) = d_{j+1}(k) + P_{j,\mathrm{opt}}[x_j^u(k)] \tag{3-12}$$

$$x_j(k) = \frac{1}{2}[x_j^u(k) + x_j^p(k)] \tag{3-13}$$

式（3-8）~式（3-13）中，$P_{j,\mathrm{opt}}$ 和 $U_{j,\mathrm{opt}}$ 分别表示第 j 层分解时匹配于 $x_j(k)$ 的最优小波所对应的最优预测算子和更新算子。

循环进行步骤，即式（3-8）~式（3-10）、式（3-11）~式（3-13）直至 $j=1$，即可分别得到 $a_{j+1}(k)$ 和 $d_{j+1}(k)$ 最终的单支重构结果。

根据上述节点信号的单支重构公式，结合 3.4.1 节所述的正变换分解过程，提出节点信号的自适应冗余提升小波包单支重构算法如下：

(1) 保留待重构的节点信号，将其他节点信号全都置零。

(2) 由于其他节点信号已被置零，因此无需考虑由于滤波器非理想截止特性引起的频率混叠问题。

(3) 在进行冗余提升小波包分解时，为解决频带交错问题，对高频细节信号分解所得的两个节点信号进行了互换。因此在重构时必须对这一过程加以考虑，否则将得到严重错误的重构结果。本章采用分解路径记录的方法，在进行小波包分解时，记录各个节点的分解路径；单支重构时，根据各个节点信号的分解路径对其作逆向重构。

(4) 由于在分解时采用了自适应算法，因此，同样记录各个节点信号分解时所选用的预测算子和更新算子，在单支重构时根据记录结果进行逆向重构。

上述节点信号单支重构算法的实现流程如图 3-5 所示。

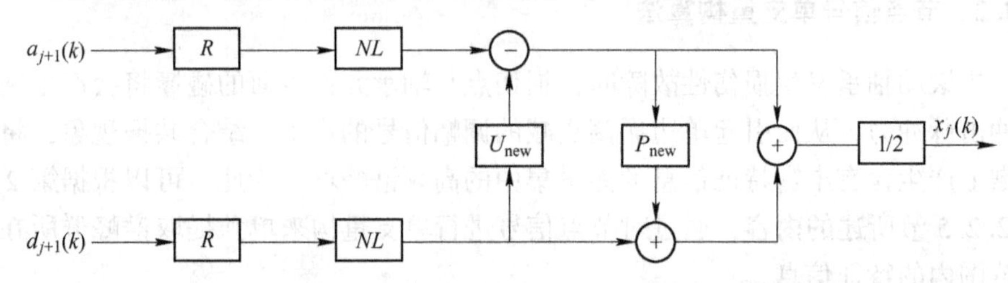

图 3-5　改进的自适应冗余提升小波包节点信号单支重构框图

图 3-5 中，R 为记录节点信号分解路径的算子；NL 为自适应算子。在节点单支重构时，保留该节点信号，而将其他节点信号置零（如对 $a_{j+1}(k)$ 重构时，则将 $d_{j+1}(k)$ 置零；反之亦然）。根据记录的分解路径 R 和自适应算子 NL 对节点信号进行重构，再对两个输出取平均作为节点信号在该层重构的最终输出。不断重复上述过程，即可得到多层分解下节点信号单支重构的最终结果。

3.4　特征提取算法

为成功提取强背景噪声下的微弱故障特征，实现机械设备的有效故障诊断，需要结合相应元件的故障机理，对经过自适应冗余提升小波包分解或重构后得到的节点信号做进一步的处理。

对于滚动轴承，其故障信号在频域中将出现能量集中的包含丰富故障信息的高频谱峰群。而经过冗余提升小波包变换，信号被分解到了不同的频带内。为了识别谱峰群究竟位于哪一个节点信号对应的频带内，可以根据其能量集中的特点进行小波包能量分析。设 $x_{j,n}(k)$ 为第 j 层的第 n 个（$n=1, 2, \cdots, 2^j$）节点信号中的第 k 个（$k=1, 2, \cdots, \widetilde{L}$）样本数据，$\widetilde{L}$ 为初始信号的样本长度，则归一化的小波包能量定义如下：

$$E\{x_{j,n}(k)\} = \sum_{k=1}^{\widetilde{L}} x_{j,n}^2(k) \Big/ \sum_{n=1}^{2^j} \sum_{k=1}^{\widetilde{L}} x_{j,n}^2(k) \tag{3-14}$$

取 $E\{x_{j,n}(k)\}$ 最大的节点信号按照 3.3.2 节所述的步骤进行单支重构。

由于单支重构后的信号 $\widetilde{x}(t)$ 中包含的仍然是高频调制信息，为便于识别元件的故障特征频率，对 $\widetilde{x}(t)$ 进行希尔伯特解调并作包络谱分析：

$$\begin{cases} H[\widetilde{x}(t)] = \dfrac{1}{\pi}\displaystyle\int_{-\infty}^{\infty} \dfrac{\widetilde{x}(\tau)}{t-\tau}\mathrm{d}\tau \\ \widetilde{X}(t) = \widetilde{x}(t) + iH[\widetilde{x}(t)] \\ A[\widetilde{X}(t)] = |\widetilde{X}(t)| = \sqrt{\widetilde{x}^2(t) + H^2[\widetilde{x}(t)]} \end{cases} \tag{3-15}$$

式中 $H[\widetilde{x}(t)]$ —— $\widetilde{x}(t)$ 的 Hilbert 变换；

$\widetilde{X}(t)$ —— $\widetilde{x}(t)$ 的解析形式；

$A[\widetilde{X}(t)]$ —— $\widetilde{X}(t)$ 的幅值包络。

综上所述，提出滚动轴承的故障特征提取算法其步骤如下：

(1) 对信号进行改进的自适应冗余提升小波包变换；

(2) 对分解得到的各个节点信号进行归一化小波包能量分析；

(3) 取能量最大者对应的节点作单支重构；

(4) 对重构得到的信号进行希尔伯特解调包络谱分析。

3.5 工程实例分析

在本节中，引入某钢厂高线精轧机增速箱轴承损伤的案例来对本章所论述的分析方法进行检验。根据 3.1 节所述的算子选取方法，在分析过程中，取预测算子长度 N 和更新算子长度 $\widetilde{N}$ 进行组合，一共得到六组 $(N,\widetilde{N})$，见表 3-1。

表 3-1 预测算子和更新算子选取

预测算子	4	12	12	20	20	20
更新算子	4	4	12	4	12	20

根据表 3-1 中的六组 $(N,\widetilde{N})$，一共对应得到六种不同小波。同时，取 l^p 范数中 p 为 0.1。给出该精轧机的传动链图如图 3-6 所示。

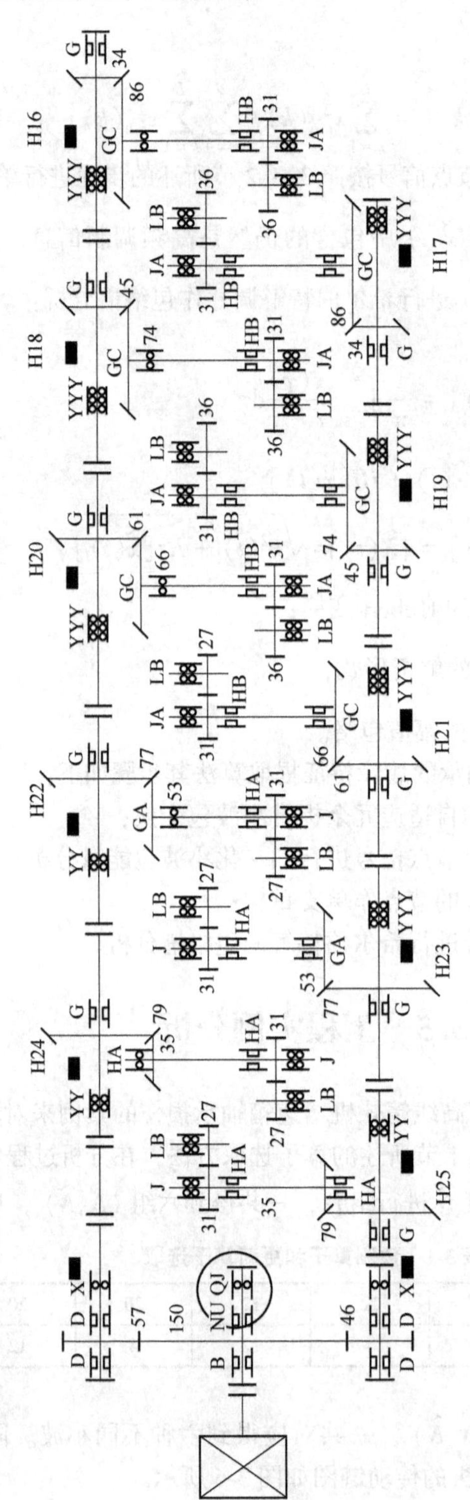

图 3-6　某钢厂精轧机传动链图

图 3-6 中，黑色长条表示测点位置。图中测点共有 12 个，其中 H16～H25 共十个测点，增速箱南北处各有一测点。在线监测系统检测到增速箱南输出端水平测点的峰值从 3 月 3 日开始呈上升趋势，最高达到 140.121m/s^2。为此，取该测点更早时间即 2 月 22 日 3 时的振动加速度信号（采样频率为 10000Hz，采样点数为 2048 点）进行分析。

首先，做基本的时域和频域分析，结果如图 3-7 所示。

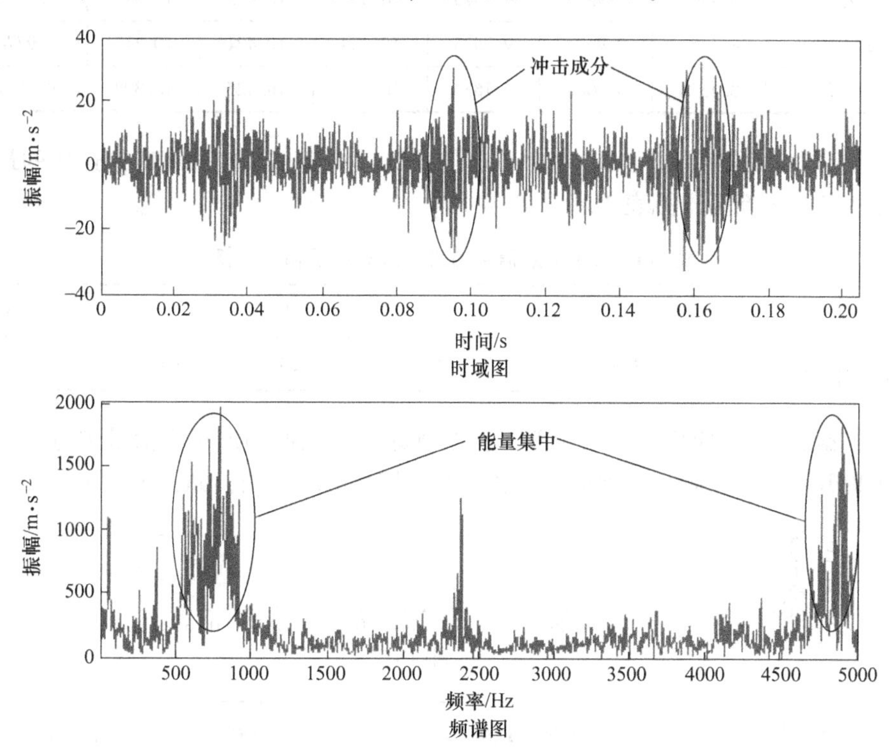

图 3-7 测点振动加速度信号的基本分析

从图 3-7 的时域图中可看到有冲击成分出现，而频谱图中也发生了能量集中的现象，由此初步判断增速箱中的元件可能存在故障隐患。

然后，应用本章论述的方法对这一信号作三层小波包分解。其中，各尺度下各个节点信号的归一化 l^p 范数见表 3-2。

表 3-2 各个节点信号的 l^p 范数 （$\times 10^{29}$）

算子	节点						
	(0, 1)	(1, 1)	(1, 2)	(2, 1)	(2, 2)	(2, 3)	(2, 4)
(4, 4)	8.4610	10.029	9.7141	10.466	10.430	10.288	9.9694

续表 3-2

算子	节点						
	(0, 1)	(1, 1)	(1, 2)	(2, 1)	(2, 2)	(2, 3)	(2, 4)
(12, 4)	8.4799	9.9424	9.7322	10.443	10.419	10.300	9.9515
(12, 12)	8.4499	9.9080	9.7571	10.438	10.425	10.300	9.9772
(20, 4)	8.4866	9.9333	9.7375	10.438	10.413	10.314	9.9509
(20, 12)	8.4482	9.9071	9.7595	10.434	10.421	10.312	9.9774
(20, 20)	8.4536	9.9088	9.7654	10.423	10.425	10.308	9.9871

根据表 3-2 的结果可得，各个节点信号做进一步小波包分解时，选用的最优预测算子和更新算子见表 3-3。

表 3-3　各个节点信号的最优预测算子和更新算子

节点	(0, 1)	(1, 1)	(1, 2)	(2, 1)	(2, 2)	(2, 3)	(2, 4)
算子	(20, 12)	(20, 12)	(4, 4)	(20, 20)	(20, 4)	(4, 4)	(20, 4)

根据表 3-3，应用最优预测算子和更新算子对该振动加速度信号进行自适应冗余提升小波包分解，得到第三层各个节点信号的时域图，如图 3-8 所示。

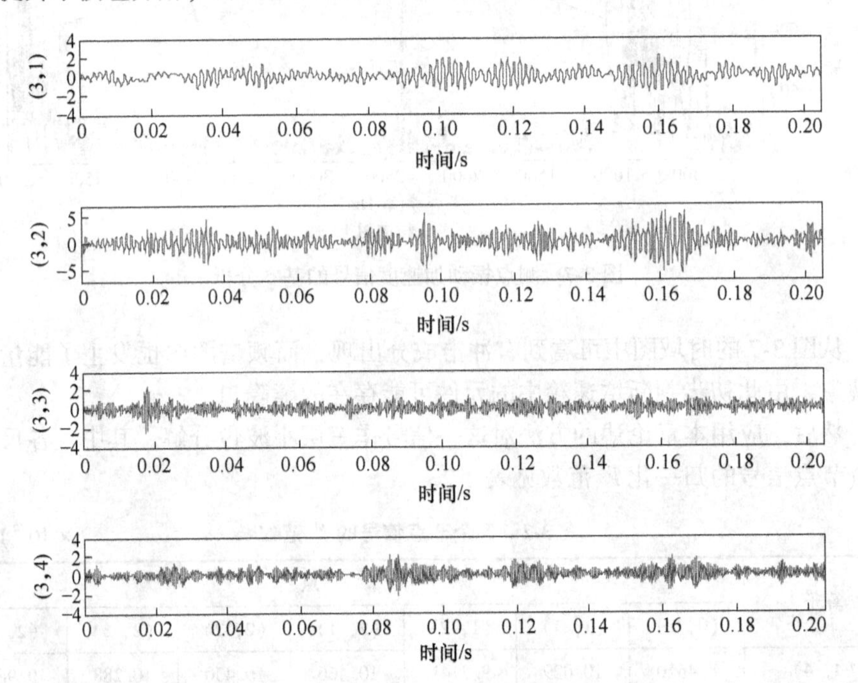

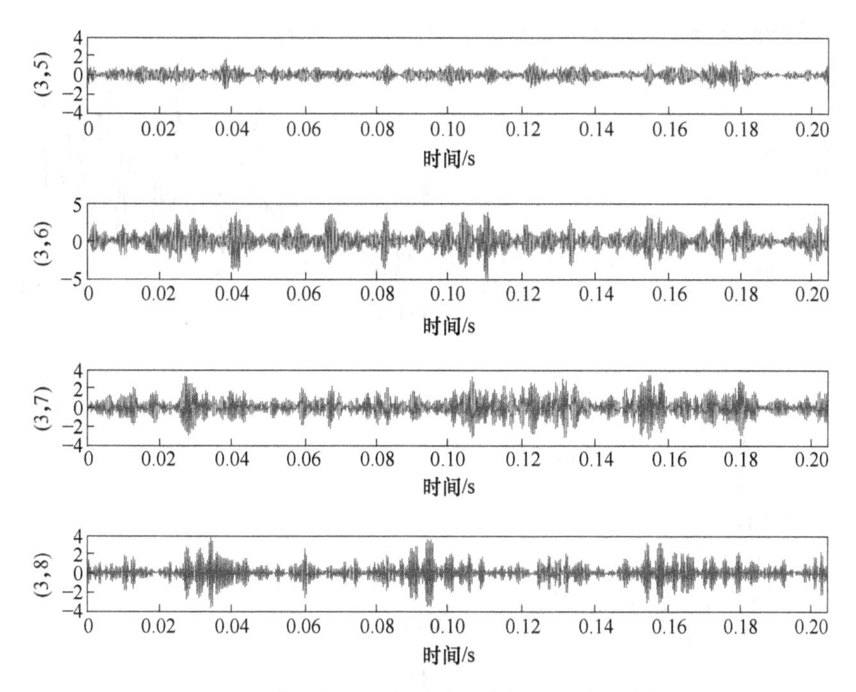

图 3-8 信号的三层自适应冗余提升小波包分解

对图 3-8 中八个节点取归一化小波包能量，结果如图 3-9 所示。

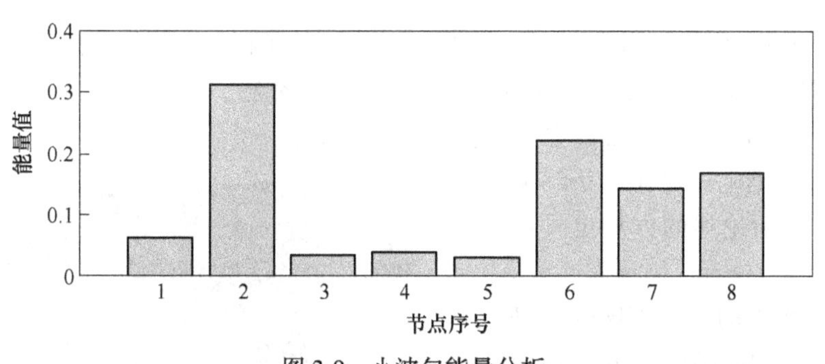

图 3-9 小波包能量分析

从图 3-9 的小波包能量图上可以看出八个节点的能量分布及对比情况，其中以节点 (3，2) 对应的能量最大，因此对节点 (3，2) 作单支重构及希尔伯特解调处理。

为了进一步验证本章方法的优越性，取信号的局部频谱图，将两者结果加以比较，如图 3-10 所示。

对图 3-10 分析结果进行说明如下。

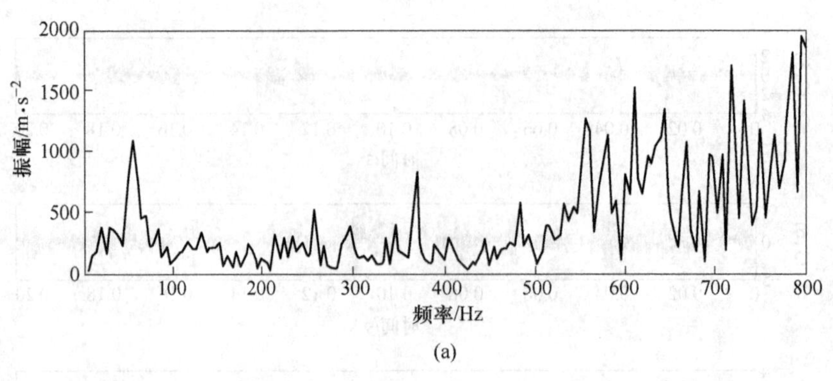

(a)

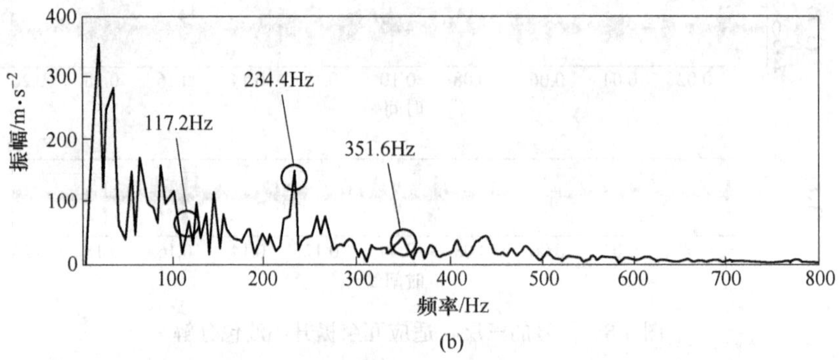

(b)

图 3-10　解调分析

（a）信号的局部频谱图；（b）节点单支重构后的解调谱图

（1）从图 3-10 的（b）中可以发现 117.2Hz 的频率成分，以及其二倍频 234.4Hz 和三倍频 351.6Hz，并且二倍频成分较为突出。

（2）从图 3-10 的（a）中无法找出上述频率。

（3）根据上述对比分析结果可知，本章所论述的方法更具有优越性。

（4）图中的 117.2Hz 这一基频与计算得到的精轧机增速箱南输出端水平方向轴承的外圈故障特征频率 119.5253Hz 十分接近，在频率分辨率范围之内。因此，判断该轴承发生外圈故障，该分析结果与 3 月中旬拆箱检修的结果完全一致。检修中轴承损坏的图片如图 3-11 所示。

图 3-11　增速箱南输出端Ⅰ轴轴承外圈损伤示意图

3.6 小　结

在本章中，结合提升算法的特点以及非线性的思想，详细论述了一种改进的自适应冗余提升小波包算法，用于轴承微弱故障特征的提取。以最小 l^p 范数作为匹配于节点信号特征的最优预测算子和更新算子的选取准则，对不同的节点信号采用具有不同消失矩的预测算子和更新算子（对应构造出不同的小波）进行冗余提升小波包分解。针对分解过程中出现的频率混叠、频带交错这两个问题，进行深入分析并给出了相应的解决方法。结合小波包能量法选取节点信号作单支重构并进行希尔伯特解调。将本章所论述的方法应用于某钢厂精轧机增速箱轴承外圈损伤的诊断实例，从分析结果中可以成功地提取出轴承外圈的故障特征频率及其倍频成分，验证了本章所提出的方法在滚动轴承故障诊断中的可行性和有效性。

4 基于数据拟合的提升小波构造新算法

1996 年，Bell 实验室的 Sweldens 提出一种提升框架，用以构造具有紧支撑的小波和对偶小波。在已有的初始双正交滤波器组的基础之上，根据需要对提升算子加以设计，可以获得具有期望特性的小波函数，例如，增加小波的消失矩阶数或使小波函数逼近特定的波形[2]。自这一算法提出以后，如何对提升算子进行设计从而改进小波的特性，引起了研究人员的极大兴趣，相关研究得以广泛展开并取得了较为丰富的成果。但仍然值得关注的问题尚有：已有研究中，最常用的依然是应用基于插值的预测算子和更新算子设计方法来构造具有对称性的小波。虽然对称性可以保证滤波器的线性相位从而尽量避免或减少信号处理过程中的相位失真，但其显然不适用于非对称特征的提取。同时，如何结合实际复杂信号的特点，通过提升算法来灵活地构造小波函数，从而真正体现通过设计提升算子来获取具有期望特性小波函数的理念，一直是研究过程中尚未解决的问题和亟待解决的难题。那么，是否有其他的方法可以较为简单地设计提升算子从而构造出具有不同特性例如非对称性的小波来满足实际工程应用的需要呢？

2000 年，Sweldens 等在研究插值细分过程中的新样本预测的问题时提出：当局部已知样本满足某一多项式关系时，选用合适的多项式将使预测得到的小波系数为零，并进而系统地讨论了应用线性细分、均值插值和 B 样条细分来获取动态节点数值的具体过程[13]。由上述方法可知，通过已知的样本点来获取插值多项式时，所有样本点是完全位于插值曲线上的。根据这一思路进一步地思考：当已知样本中的个别样本点相对于其他大多数样本点而言属于“突变”的样本点时，是否有其他的方法可用以设计多项式甚至其他函数，从而既能剔除掉“突变”的样本点，又能在已知样本点并未完全精确地位于函数曲线上的情形下，仍能在一定的精度范围内满足要求？由此即引出了函数逼近的思想。

本章正是根据提升算法通过设计提升算子来构造具有期望特性特别是特定波形的小波函数的特点，将函数逼近的思想引入插值细分过程当中以实现新样本的预测，进而将数据拟合的最小二乘法引入预测算子的构造过程，同时结合预测算子、更新算子和滤波器系数之间的联系，提出了一种新的提升小波构造方法。然后，分别选取两类不同函数（代数式和超越式）作为实例，对采用新方法构造的小波的特性进行了分析。

4.1 新提升小波的构造

在某一函数类中选取某个函数 $f'(x)$ 来实现已知函数 $f(x)$ 的近似表示，并使得两者之差在某种度量意义之下最小，这就是函数逼近问题。

对于平方逼近，有以下两种形式[87]：

$$\|f(x)-f'(x)\|_2=\sqrt{\int_a^b\rho(x)[f(x)-f'(x)]^2\mathrm{d}x} \tag{4-1}$$

$$\|f(x)-f'(x)\|_2=\sqrt{\sum_k\rho(x_k)[f(x_k)-f'(x_k)]^2\mathrm{d}x} \tag{4-2}$$

式中，$\rho(x)$、$\rho(x_k)$ 为权函数。

其中，式（4-1）为连续型的平方逼近，也称为均方逼近；而式（4-2）则为离散型的平方逼近，也称为数据拟合。由于实际信号均为离散型样本，因此本章选用离散数值来实现函数逼近，即数据拟合问题。

4.1.1 数据拟合的最小二乘法算法原理

数据拟合的最小二乘法，其具体定义如下：

给定一组数据 $(x_i, y_i)=(x_i, f(x_i))$，$i=0, 1, \cdots, m$ 以及各点的权系数 $\rho(x_i)$（如 y_i 的可信度等），要求在函数类 $\Phi=span\{\phi_0, \phi_1, \cdots, \phi_n\}$ 中求函数：

$$f'(x)=a_0'\phi_0(x)+a_1'\phi_1(x)+\cdots+a_n'\phi_n(x)=\sum_{k=0}^{n}a_k'\phi_k(x),\quad m\geqslant n \tag{4-3}$$

满足

$$\|\delta\|_2^2=\sum_{i=0}^{m}\rho(x_i)\,[f'(x_i)-y_i]^2=\min_{f\in\Phi}\sum_{i=0}^{m}\rho(x_i)\,[f(x_i)-y_i]^2 \tag{4-4}$$

以上公式中，$f(x)=\sum_{k=0}^{n}a_k\phi_k(x)$ 为 Φ 中的任意函数，称 $f'(x)$ 为最小二乘解。为求取这一最小二乘解，需要求系数 $a_k'(k=0, 1, \cdots, n)$ 并使得 $f'(x)$ 满足式（4-4）。

令

$$F(a_0, a_1, \cdots, a_n)=\sum_{i=0}^{m}\rho(x_i)\,[\sum_{k=0}^{n}a_k\phi_k(x)-y_i]^2 \tag{4-5}$$

则 $(a_0', a_1', \cdots, a_n')$ 是函数 $F(a_0, a_1, \cdots, a_n)$ 的极小值点。因此，令 F 对 $a_k(k=0, 1, 2, \cdots, n)$ 求偏导数并令其恒为零，可得如下方程组：

$$\begin{bmatrix} (\phi_0, \phi_0) & (\phi_0, \phi_1) & \cdots & (\phi_0, \phi_n) \\ (\phi_1, \phi_0) & (\phi_1, \phi_1) & \cdots & (\phi_1, \phi_n) \\ \vdots & \vdots & & \vdots \\ (\phi_n, \phi_0) & (\phi_n, \phi_1) & \cdots & (\phi_n, \phi_n) \end{bmatrix} \begin{bmatrix} a_0 \\ a_1 \\ \vdots \\ a_n \end{bmatrix} = \begin{bmatrix} (f, \phi_0) \\ (f, \phi_1) \\ \vdots \\ (f, \phi_n) \end{bmatrix} \tag{4-6}$$

式中，$(\phi_j, \phi_k) = \sum_{i=0}^{m} \rho(x_i)\phi_j(x_i)\phi_k(x_i)$ 为 ϕ_j 和 ϕ_k 的内积；$(f, \phi_k) = \sum_{i=0}^{m} \rho(x_i) y_i \phi_k(x_i)$ 为 f 和 ϕ_k 的内积。

则式（4-6）也称为法方程组。当 $\phi_k(k=0, 1, \cdots, n)$ 线性无关时，法方程组的唯一解便是最小二乘解。

4.1.2　基于数据拟合的预测算子构造算法

在插值细分过程中，均是由已知样本点根据某一多项式来预测获取新的样本点处的样本值。令已知样本点为 $x_1, x_2, \cdots, x_M$，且各样本点对应的数值为 $y_1, y_2, \cdots, y_M$，其中 $M=2m$，$m \in N$ 为样本点数。根据上述算法原理，令拟合函数为 $f(x) = \sum_{i=0}^{N} a_i\phi_i(x)(i=0, 1, \cdots, N, N \in N)$，权函数 $\rho(x_j)=1(j=1, 2, \cdots, M)$，则由求取最小二乘解可得法方程组如下：

$$\begin{bmatrix} (\phi_0, \phi_0) & (\phi_0, \phi_1) & \cdots & (\phi_0, \phi_N) \\ (\phi_1, \phi_0) & (\phi_1, \phi_1) & \cdots & (\phi_1, \phi_N) \\ \vdots & \vdots & & \vdots \\ (\phi_N, \phi_0) & (\phi_N, \phi_1) & \cdots & (\phi_N, \phi_N) \end{bmatrix} \begin{bmatrix} a_0 \\ a_1 \\ \vdots \\ a_N \end{bmatrix} = \begin{bmatrix} \sum_{j=1}^{M} y_j\phi_0(x_j) \\ \sum_{j=1}^{M} y_j\phi_1(x_j) \\ \vdots \\ \sum_{j=1}^{M} y_j\phi_N(x_j) \end{bmatrix} \tag{4-7}$$

当系数矩阵可逆时，对式（4-7）整理可得：

$$\begin{bmatrix} a_0 \\ a_1 \\ \vdots \\ a_N \end{bmatrix} = \begin{bmatrix} (\phi_0, \phi_0) & (\phi_0, \phi_1) & \cdots & (\phi_0, \phi_N) \\ (\phi_1, \phi_0) & (\phi_1, \phi_1) & \cdots & (\phi_1, \phi_N) \\ \vdots & \vdots & & \vdots \\ (\phi_N, \phi_0) & (\phi_N, \phi_1) & \cdots & (\phi_N, \phi_N) \end{bmatrix}^{-1} \begin{bmatrix} \phi_0(x_1) & \phi_0(x_2) & \cdots & \phi_0(x_M) \\ \phi_1(x_1) & \phi_1(x_2) & \cdots & \phi_1(x_M) \\ \vdots & \vdots & & \vdots \\ \phi_N(x_1) & \phi_N(x_2) & \cdots & \phi_N(x_M) \end{bmatrix} \begin{bmatrix} y_1 \\ y_2 \\ \vdots \\ y_M \end{bmatrix} \tag{4-8}$$

在插值细分算法中，新样本点的数值是通过对称地选用相邻的已知样本点来构造插值多项式来求取的，并且选用的已知样本点的数目越多，构造的插值多项式的阶数也就越高。而插值细分算法的一个重要特点在于，如果所有的已知样本是等间隔均匀分布的，则任意选用一组已知样本构造的插值多项式，都将适用于基于相同样本点数来进行预测的其他样本点的数值计算[10]。这是因为，若已知样本点为均匀分布，则被预测的新样本点和所选用的各个相邻样本点之间的相对位置是一定的、不变的。因此，在不考虑边界问题时，任意选用一组已知样本点 x_1，x_2，…，x_M 并令 $x_1=1$，$x_2=2$，…，$x_M=M$。由于新的样本点 x' 位于这一组样本点的中间位置，因而有 $x'=(1+M)/2$。

则经过拟合函数可预测得到样本点 x' 处的数值 y' 为：

$$y'=f\left(\frac{1+M}{2}\right)=\sum_{i=0}^{N}a_i\phi_i\left(\frac{1+M}{2}\right)=\left[\phi_0\left(\frac{1+M}{2}\right)\phi_1\left(\frac{1+M}{2}\right)\cdots\phi_N\left(\frac{1+M}{2}\right)\right]\begin{bmatrix}a_0\\a_1\\\vdots\\a_N\end{bmatrix} \tag{4-9}$$

将式（4-8）代入式（4-9），并将上述 x_1，x_2，…，x_M 和 x' 的数值代入 $\phi_k(x)(k=0, 1, 2, \cdots, N)$，则整理可得

$$y'=\begin{bmatrix}\phi_0\left(\frac{1+M}{2}\right)\\\phi_1\left(\frac{1+M}{2}\right)\\\vdots\\\phi_N\left(\frac{1+M}{2}\right)\end{bmatrix}^T\begin{bmatrix}(\phi_0,\phi_0)&(\phi_0,\phi_1)&\cdots&(\phi_0,\phi_N)\\(\phi_1,\phi_0)&(\phi_1,\phi_1)&\cdots&(\phi_1,\phi_N)\\\vdots&\vdots&&\vdots\\(\phi_N,\phi_0)&(\phi_N,\phi_1)&\cdots&(\phi_N,\phi_N)\end{bmatrix}^{-1}$$

$$\begin{bmatrix}\phi_0(1)&\phi_0(2)&\cdots&\phi_0(M)\\\phi_1(1)&\phi_1(2)&\cdots&\phi_1(M)\\\vdots&\vdots&&\vdots\\\phi_N(1)&\phi_N(2)&\cdots&\phi_N(M)\end{bmatrix}\begin{bmatrix}y_1\\y_2\\\vdots\\y_M\end{bmatrix} \tag{4-10}$$

由式（4-10）可得，基于数据拟合的最小二乘法的预测算子 P_M（M 为预测算子长度）的构造公式为：

$$P_M=\begin{bmatrix}\phi_0\left(\frac{1+M}{2}\right)\\ \phi_1\left(\frac{1+M}{2}\right)\\ \vdots\\ \phi_N\left(\frac{1+M}{2}\right)\end{bmatrix}^T\begin{bmatrix}(\phi_0,\phi_0)&(\phi_0,\phi_1)&\cdots&(\phi_0,\phi_N)\\(\phi_1,\phi_0)&(\phi_1,\phi_1)&\cdots&(\phi_1,\phi_N)\\ \vdots&\vdots&&\vdots\\(\phi_N,\phi_0)&(\phi_N,\phi_1)&\cdots&(\phi_N,\phi_N)\end{bmatrix}^{-1}\begin{bmatrix}\phi_0(1)&\phi_0(2)&\cdots&\phi_0(M)\\ \phi_1(1)&\phi_1(2)&\cdots&\phi_1(M)\\ \vdots&\vdots&&\vdots\\ \phi_N(1)&\phi_N(2)&\cdots&\phi_N(M)\end{bmatrix} \tag{4-11}$$

令更新算子 $U_{\widetilde{M}}$ 长度为 $\widetilde{M}$。当 $M\geqslant\widetilde{M}$ 时，更新算子的设计非常容易，即将预测算子系数除以二便可得到更新算子系数[8]。

4.1.3　预测算子、更新算子与滤波器系数

在懒小波变换的基础上，先后通过预测和更新步骤即可实现提升小波变换[74]。而不同的预测算子和更新算子，对应具有不同性质的小波函数。如何根据已有的预测算子和更新算子得到相应的小波函数呢？Claypoole 等将小波分解与重构的多相表示与基于预测和更新步骤的提升小波变换进行对比，得到了预测算子、更新算子和滤波器系数之间的联系[76]。

令 $\widetilde{H}(z)$ 和 $\widetilde{G}(z)$ 分别为分解时的低通和高通滤波器的 Z 变换，定义对偶多相矩阵 $\widetilde{P}(z)$ 为：

$$\widetilde{P}(z)=\begin{bmatrix}\widetilde{H}_e(z)&\widetilde{G}_e(z)\\ \widetilde{H}_o(z)&\widetilde{G}_o(z)\end{bmatrix} \tag{4-12}$$

由于基于二通道 Mallat 算法的小波分解和重构过程的 Z 变换与其多相表示等价[75]，结合提升小波变换过程，对比可得如下关系式：

$$\widetilde{G}(z)=\widetilde{G}_e(z^2)+z^{-1}\widetilde{G}_o(z^2)=-P(z^2)+z^{-1} \tag{4-13}$$

$$\widetilde{H}(z)=\widetilde{H}_e(z^2)+z^{-1}\widetilde{H}_o(z^2)=1-P(z^2)U(z^2)+z^{-1}U(z^2) \tag{4-14}$$

令 P、U 的时域表示分别为 $P(k)\,(k=1, 2, \cdots, N)$ 和 $U(k)\,(k=1, 2, \cdots, \widetilde{N})$（其中 N 和 $\widetilde{N}$ 分别为预测算子和更新算子的长度）；令 $\widetilde{G}(z)$、$\widetilde{H}(z)$ 的时域表示分别为 $\widetilde{G}(k)\,(k=-N+1\sim N-1)$ 和 $\widetilde{H}(k)\,(k=-N-\widetilde{N}+2\sim N+\widetilde{N}-2)$。

则当 $N\geqslant\widetilde{N}$ 时，由式（4-11）可得 $\widetilde{G}(k)$ 和 $P(k)$ 的关系式如下：

$$\widetilde{G}(2k-1)=-P(k),\ \widetilde{G}(2k)=\delta(k-N/2)\quad k=1, 2, \cdots, N \tag{4-15}$$

由式（4-12）可得 $\widetilde{H}(k)$ 与 $P(k)$、$U(k)$ 之间的关系式如下：

$$\widetilde{H}(2k-1)=\begin{cases}\delta[k-(N+\widetilde{N})/2]-\sum_{j=1}^{k}P(j)U(k-j+1) & k\leqslant\widetilde{N}\\ -\sum_{j=k-\widetilde{N}+1}^{k}P(j)U(k-j+1) & \widetilde{N}<k<(N+\widetilde{N})/2\\ \delta[k-(N+\widetilde{N})/2]-\sum_{j=k-\widetilde{N}+1}^{k}P(j)U(k-j+1) & k=(N+\widetilde{N})/2\\ -\sum_{j=k-\widetilde{N}+1}^{k}P(j)U(k-j+1) & (N+\widetilde{N})/2<k<N\\ \delta[k-(N+\widetilde{N})/2]-\sum_{j=k-\widetilde{N}+1}^{N}P(j)U(k-j+1) & N\leqslant k\leqslant N+\widetilde{N}-1\end{cases}$$

$$k=1,2,3,\cdots,N+\widetilde{N}-1 \qquad (4\text{-}16)$$

$$\widetilde{H}(2k+N-2)=U(k),\ k=1,2,3,\cdots,\widetilde{N}$$

其他情况：$\widetilde{H}(2k)=0$

同理可得重构时低通滤波器 $H(k)(k=-N+1\sim N-1)$ 与 $P(k)$ 的关系式如下：

$$H(2k-1)=P(k),\ H(2k)=\delta(k-N/2)\quad k=1,2,\cdots,N \qquad (4\text{-}17)$$

重构时的高通滤波器 $G(k)(k=-N-\widetilde{N}+2\sim N+\widetilde{N}-2)$ 与 $P(k)$、$U(k)$ 之间的关系式如下：

$$G(2k-1)=\begin{cases}\delta[k-(N+\widetilde{N})/2]-\sum_{j=1}^{k}P(j)U(k-j+1) & k\leqslant\widetilde{N}\\ -\sum_{j=k-\widetilde{N}+1}^{k}P(j)U(k-j+1), & \widetilde{N}<k<(N+\widetilde{N})/2\\ \delta[k-(N+\widetilde{N})/2]-\sum_{j=k-\widetilde{N}+1}^{k}P(j)U(k-j+1) & k=(N+\widetilde{N})/2\\ -\sum_{j=k-\widetilde{N}+1}^{k}P(j)U(k-j+1) & (N+\widetilde{N})/2<k<N\\ \delta[k-(N+\widetilde{N})/2]-\sum_{j=k-\widetilde{N}+1}^{N}P(j)U(k-j+1) & N\leqslant k\leqslant N+\widetilde{N}-1\end{cases}$$

$$k = 1, 2, 3, \cdots, N + \tilde{N} - 1 \tag{4-18}$$

$$G(2k + N - 2) = - U(k), \ k = 1, 2, 3, \cdots, \tilde{N}$$

其他情况：　$G(2k) = 0$

因此，获取不同的预测算子和更新算子后，根据式(4-15)~式(4-18)，即可得到相应的分解和重构的低通、高通滤波器系数，进而构造出不同的小波函数。

4.2　小波构造实例

根据上述算法的推导过程，通过选取合适的基函数 $\{\phi_k(x)\}$ 来生成拟合函数，可以获得新的预测算子和更新算子，进而构造出具有一定特性的新的小波函数。

令 $M = 2m$，$m \in N$ 为样本点数，也为预测算子的长度。为便于分析，取更新算子长度与预测算子的长度相同，也为 M。令基函数为 $\{\phi_k(x)\}$，N 为基函数的维数，则可得到拟合函数为 $f(x) = \sum_{i=0}^{N} a_i\phi_i(x)$，并且令 $N < M$。

由于选用不同的基函数 $\{\phi_k(x)\}$ 以及对 M 和 N 取值不同时，构造的小波函数的波形也不相同。因此，接下来将给出两类不同的基函数，并对 (M, N) 中的 M 和 N 分别取不同的数值，用于实现不同小波函数的构造，并进一步对小波函数的特性做出具体分析。

4.2.1　基于代数式基函数的拟合函数

令由代数式基函数形成的拟合多项式的次数为 n，则将分 $n < N$、$n = N$ 和 $n > N$ 三种情形分别进行讨论。

4.2.1.1　$n < N$

在此情形下，不妨取 $\phi_k(x) = x^{k/2}$，$k = 0, 1, 2, \cdots, N$，并取 (M, N) 分别为 (2, 1)、(4, 3)、(6, 5) 和 (8, 7)，则构造的小波函数如图 4-1 所示。

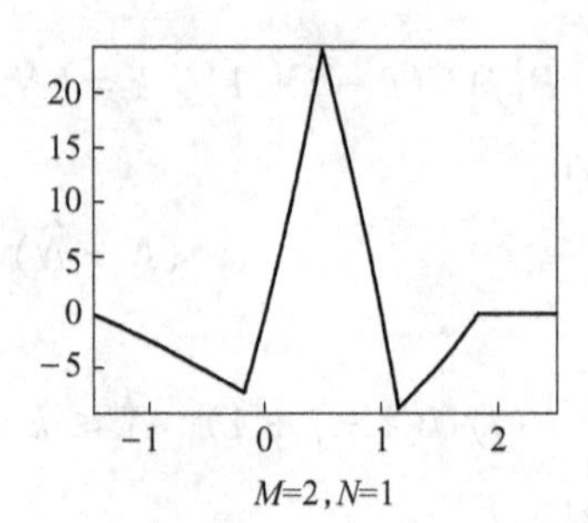

M=2, N=1

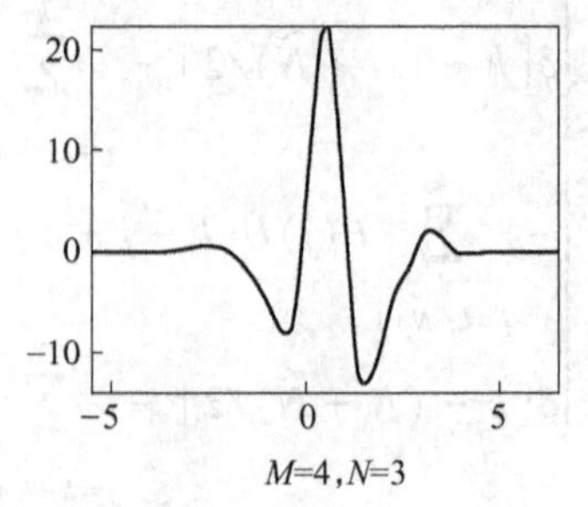

M=4, N=3

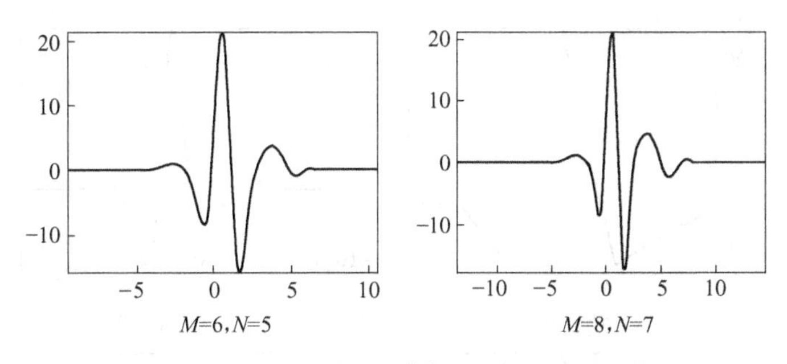

图 4-1 基于 $\phi_k(x) = x^{k/2}$ 基函数的小波函数

当 (*M*, *N*) 取其他数值时，也可构造新的小波函数。不同 (*M*, *N*) 对应生成的预测算子系数见表 4-1。

表 4-1 基于 $\phi_k(x)=x^{k/2}$ 基函数的预测算子系数

(*M*, *N*)	预测算子系数							
(2, 1)	0.4574	0.5426						
(4, 1)	0.207	0.2402	0.2657	0.2872				
(4, 2)	−0.0677	0.6057	0.4917	−0.0297				
(4, 3)	−0.0348	0.4763	0.6517	−0.0933				
(6, 1)	0.1302	0.1489	0.1633	0.1755	0.1862	0.1959		
(6, 2)	−0.1068	0.2752	0.3719	0.3209	0.1756	−0.0368		
(6, 3)	−0.039	0.1254	0.3574	0.4265	0.2682	−0.1385		
(6, 4)	0.0097	−0.1045	0.6394	0.4866	−0.0219	−0.0093		
(6, 5)	0.0032	−0.0503	0.4815	0.7003	−0.1599	0.0252		
(8, 1)	0.0938	0.1062	0.1158	0.1239	0.1309	0.1374	0.1433	0.1487
(8, 2)	−0.1114	0.1428	0.244	0.266	0.2374	0.1728	0.0809	−0.0325
(8, 3)	−0.0294	0.0241	0.1704	0.2809	0.3165	0.2621	0.1118	−0.1364
(8, 4)	0.0246	−0.1557	0.2437	0.4237	0.3536	0.1546	−0.0212	−0.0233
(8, 5)	0.0047	−0.0368	0.0516	0.4329	0.5111	0.1824	−0.1994	0.0536
(8, 6)	−0.0012	0.0194	−0.1251	0.6501	0.4911	−0.0144	−0.0276	0.0077
(8, 7)	−0.0003	0.0062	−0.0578	0.4806	0.7334	−0.2105	0.0594	−0.0071

4.2.1.2 $n = N$

在此情形下，不妨取 $\phi_0(x) = 1$, $\phi_k(x) = 2x^k + 0.5x^{k-1}$, $k = 1, 2, \cdots, N$，并取 (*M*, *N*) 分别为 (2, 1)、(4, 3)、(6, 5) 和 (8, 7)，则构造的小波函数如图 4-2 所示。

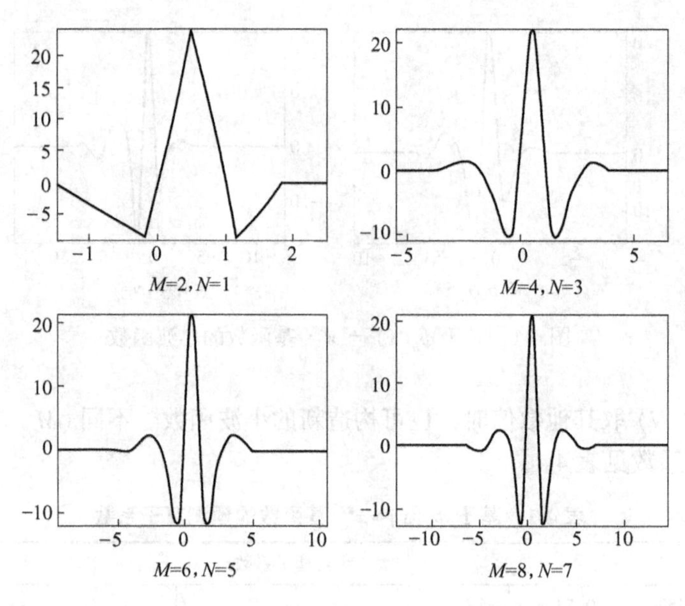

图 4-2 基于 $\phi_0(x) = 1$，$\phi_k(x) = 2x^k + 0.5x^{k-1}$ 基函数的小波函数

对 M 和 N 分别取不同数值生成（M，N），则对应生成的预测算子系数见表 4-2。

表 4-2 基于 $\phi_0(x)=1$，$\phi_k(x)=2x^k+0.5x^{k-1}$ 基函数的预测算子系数

（M，N）	预测算子系数							
（2，1）	0.5	0.5						
（4，1）	0.25	0.25	0.25	0.25				
（4，2）	-0.0625	0.5625	0.5625	-0.0625				
（4，3）	-0.0625	0.5625	0.5625	-0.0625				
（6，1）	0.1667	0.1667	0.1667	0.1667	0.1667	0.1667		
（6，2）	-0.0937	0.2188	0.375	0.375	0.2188	-0.0937		
（6，3）	-0.0938	0.2188	0.375	0.375	0.2188	-0.0937		
（6，4）	0.0117	-0.0977	0.5859	0.5859	-0.0977	0.0117		
（6，5）	0.0117	-0.0977	0.5859	0.5859	-0.0977	0.0117		
（8，1）	0.125	0.125	0.125	0.125	0.125	0.125	0.125	0.125
（8，2）	-0.0937	0.0938	0.2188	0.2812	0.2812	0.2187	0.0937	-0.0938

续表 4-2

(M, N)	预测算子系数							
(8, 3)	-0.0938	0.0937	0.2187	0.2812	0.2812	0.2187	0.0937	-0.0937
(8, 4)	0.0293	-0.1348	0.166	0.4395	0.4395	0.166	-0.1348	0.0293
(8, 5)	0.0293	-0.1348	0.166	0.4395	0.4395	0.166	-0.1348	0.0293
(8, 6)	-0.0024	0.0239	-0.1196	0.5981	0.5981	-0.1196	0.0239	-0.0024
(8, 7)	-0.0024	0.0239	-0.1196	0.5981	0.5981	-0.1196	0.0239	-0.0024

由于此时有 $n=N$，而当 $N=M-1$ 时，即用 M 个样本来构造 $M-1$ 次多项式的情形与应用 Lagrange 插值的情形十分类似，因此考虑将两者进行对比。

令预测算子的长度为 $N(N=2k,\ k\in Z^{+})$，则基于 Lagrange 插值的预测算子计算公式为[78]：

$$p_j=\prod_{\substack{i=1\\ i\neq j}}^{N}\frac{(N+1)/2-i}{j-i} \tag{4-19}$$

式（4-19）中，$j=1,\ 2,\ \cdots,\ N$，表示预测算子系数的序号。

当 $(M,\ N)$ 分别取 (2, 1)、(4, 3)、(6, 5) 和 (8, 7) 时，应用式（4-19）计算得到的预测算子系数见表 4-3。

表 4-3 基于 Lagrange 插值公式的预测算子系数

(M, N)	预测算子系数							
(2, 1)	0.5	0.5						
(4, 3)	-0.0625	0.5625	0.5625	-0.0625				
(6, 5)	0.0117	-0.0977	0.5859	0.5859	-0.0977	0.0117		
(8, 7)	-0.0024	0.0239	-0.1196	0.5981	0.5981	-0.1196	0.0239	-0.0024

将表 4-3 的数据与表 4-2 中对应行数据做对比可知，当 $n=N$ 并且 $N=M-1$ 时，应用本章所述算法计算所得的预测算子系数与应用 Lagrange 插值公式得到的结果完全相同。同时，由表 4-2 可得：(4, 2) 与 (4, 3)、(6, 4) 与 (6, 5) 以及 (8, 6) 与 (8, 7) 的计算结果均正好分别相同。

4.2.1.3 $n>N$

在此情形下，不妨取 $\phi_k(x)=x^{2k}$，$k=0,\ 1,\ 2,\ \cdots,\ N$，并取 $(M,\ N)$ 分别为 (2, 1)、(4, 3)、(6, 5) 和 (8, 7)，则构造的小波函数如图 4-3 所示。

当 M 和 N 分别取不同的数值时，对应生成的预测算子系数见表 4-4。

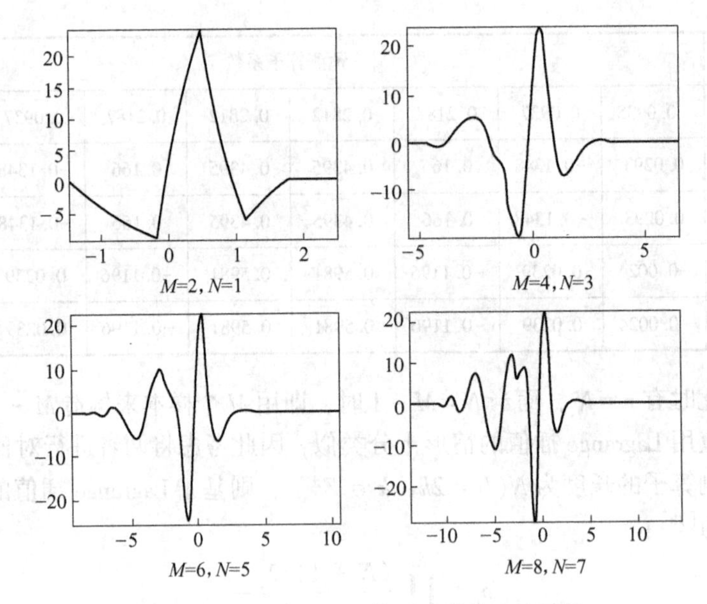

图 4-3　基于 $\phi_k(x) = x^{2k}$ 基函数的小波函数

表 4-4　基于 $\phi_k(x)=x^{2k}$ 基函数的预测算子系数

(M, N)	预测算子系数							
(2, 1)	0.5833	0.4167						
(4, 1)	0.313	0.2839	0.2355	0.1676				
(4, 2)	0.0099	0.427	0.6395	−0.0765				
(4, 3)	−0.1676	0.782	0.4113	−0.0258				
(6, 1)	0.2128	0.2031	0.1868	0.164	0.1346	0.0988		
(6, 2)	0.0179	0.1407	0.2892	0.3793	0.2933	−0.1204		
(6, 3)	−0.1707	0.2141	0.516	0.4414	0.0105	−0.0112		
(6, 4)	−0.0671	0.0761	0.4519	0.6264	−0.0972	0.0098		
(6, 5)	0.1007	−0.3432	0.8713	0.4027	−0.0337	0.0022		
(8, 1)	0.161	0.1566	0.1493	0.139	0.1257	0.1096	0.0904	0.0684
(8, 2)	0.0191	0.0708	0.1439	0.219	0.2688	0.2582	0.1442	−0.1239
(8, 3)	−0.1382	0.0408	0.2507	0.3876	0.3636	0.1643	−0.0776	0.0088
(8, 4)	−0.1035	0.0283	0.2105	0.3701	0.3971	0.2013	−0.1264	0.0225
(8, 5)	0.0687	−0.1514	0.0416	0.5423	0.5792	−0.0934	0.0139	−0.001
(8, 6)	0.069	−0.1518	0.0416	0.5427	0.5788	−0.0931	0.0139	−0.001
(8, 7)	−0.08	0.2652	−0.4701	0.9218	0.3965	−0.0369	0.0037	−0.0002

4.2.2 基于超越式基函数的拟合函数

当选用代数式作为基函数时，生成的拟合函数为多项式，这与之前诸多研究采用多项式来预测生成新的样本点的情形相似。而本章上节推导得到的预测算子及小波构造算法的最大特点在于，通过对基函数 $\{\phi_k(x)\}$ 的灵活选取，可以构造出具有不同特性的小波函数。因此，本节将选用超越式作为基函数来构造新的小波。

在此，令基函数为 $\phi_k(x)=x^k e^{0.1(k+1)x}$，$k=0, 1, 2, \cdots, N$，并取 (M, N) 分别为 (2, 1)、(4, 3)、(6, 5) 和 (8, 7)，则构造的小波函数如图 4-4 所示。

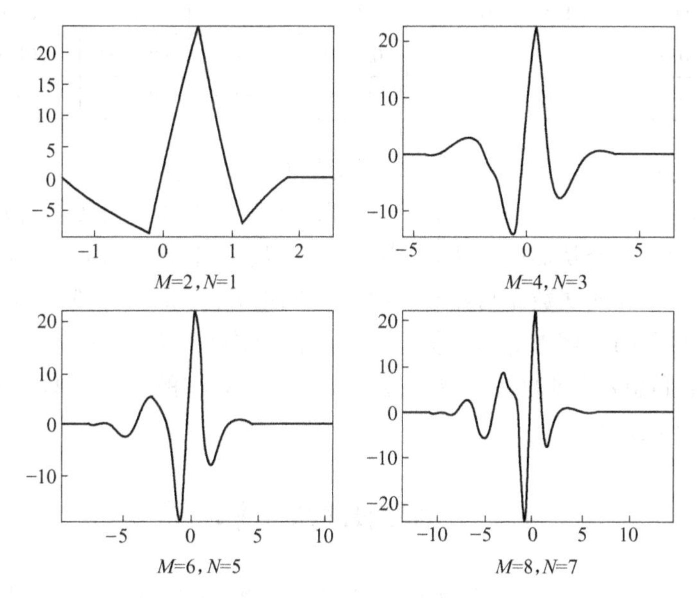

图 4-4 基于 $\phi_k(x) = x^k e^{0.1(k+1)x}$ 基函数的小波函数

对 M 和 N 取不同数值，则对应生成的预测算子系数见表 4-5。

表 4-5 基于 $\phi_k(x)=x^k e^{0.1(k+1)x}$ 基函数的预测算子系数

(M, N)	预测算子系数							
(2, 1)	0.5502	0.4534						
(4, 1)	0.3104	0.2878	0.2447	0.1737				
(4, 2)	−0.0193	0.4737	0.6198	−0.0737				
(4, 3)	−0.1078	0.6762	0.4669	−0.0355				
(6, 1)	0.2189	0.2159	0.2042	0.1802	0.1395	0.0763		
(6, 2)	0.0087	0.1559	0.2938	0.3702	0.2894	−0.1136		

续表 4-5

(M, N)	预测算子系数							
(6, 3)	-0.1621	0.2521	0.4738	0.3961	0.0621	-0.0234		
(6, 4)	-0.03	0.0231	0.4574	0.6439	-0.1053	0.0108		
(6, 5)	0.0433	-0.2158	0.7652	0.4475	-0.0432	0.003		
(8, 1)	0.1659	0.1698	0.1697	0.1638	0.1499	0.125	0.0853	0.0259
(8, 2)	0.0395	0.0905	0.1481	0.2049	0.246	0.2439	0.1513	-0.1105
(8, 3)	-0.1407	0.0668	0.2516	0.363	0.3456	0.1734	-0.067	0.0047
(8, 4)	-0.0888	0.038	0.1982	0.3462	0.3912	0.2231	-0.1307	0.0213
(8, 5)	0.0654	-0.1848	0.1039	0.5399	0.5258	-0.0515	0.0008	0.0005
(8, 6)	0.0335	-0.1031	0.0557	0.4877	0.6164	-0.1044	0.0152	-0.001
(8, 7)	-0.0256	0.1305	-0.3342	0.845	0.4222	-0.0417	0.0041	-0.0002

根据以上预测算子系数的列表，可总结得出如下结论：

（1）对于两个重要参数 M 和 N，除要求 $N < M$ 以外，两者之间无任何联系，可以任意取值并组合从而构造出不同的小波函数。当所选的基函数为代数式时，生成的拟合多项式的次数 n 与样本点数 M 之间也无任何联系，但当 $n = N = M - 1$ 时，得到的结果与应用 Lagrange 插值算法所得的结果完全相同。

（2）通过选取不同的基函数，既可以构造出对称的小波函数，也可以构造出非对称的小波函数。

4.3 小波函数特性分析

由上述分析可知，选取不同的基函数来生成拟合函数时，将得到不同的预测算子和更新算子并进而构造出不同的小波函数。在本节中，将进一步地对采用新算法所构造的小波的时频特性做出具体分析。

由于 $\{\phi_k(x)\}$ 、M 和 N 的选取均将对小波函数的构造产生影响，因此接下来，分别选用不同的 $\{\phi_k(x)\}$ 、M 、N 来生成小波函数以进行特性分析。对三个参数的选取如下：

（1）基函数：取两种基函数分别为 $\phi_k(x) = x^{k/2}$ 和 $\phi_k(x) = x^k e^{0.1(k+1)x}$ ，$k = 0, 1, 2, \cdots, N$。

（2）样本点数 M ：首先取 N 为 3，然后令 M 分别取为 4，6 和 8，用以分析小波特性随 M 的变化而变化的情况。

（3）基函数维数 N ：首先取 M 为 8，然后令 N 分别取为 2，4 和 6，以分析小波的特性随 N 的变化所相应发生的变化。

4.3.1 小波的时域特性

首先，对新的小波在时域的波形特性做出分析。按照上述选取方法（1）和（2）确定三个参数后，得到小波的时域波形图如图 4-5 所示。

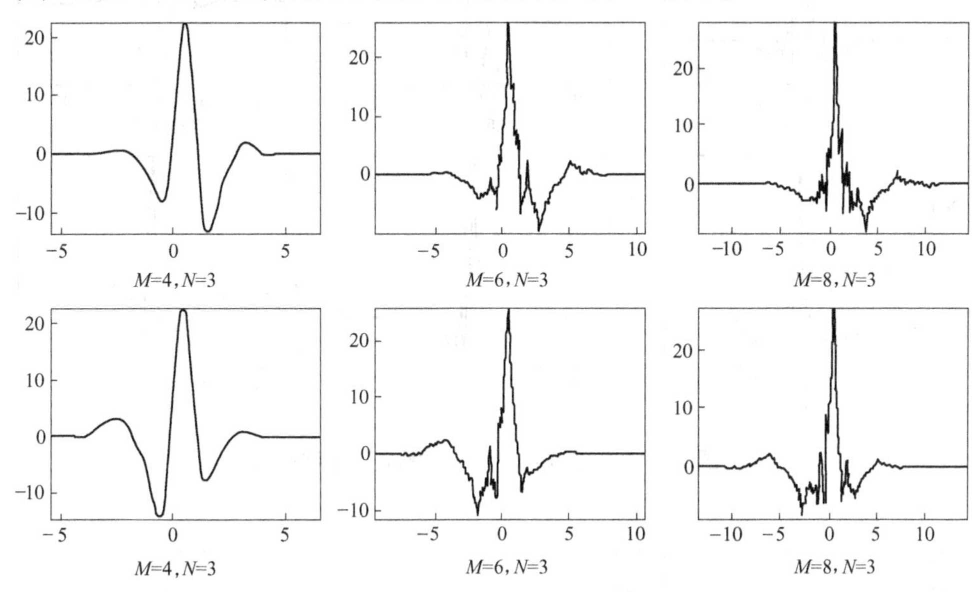

图 4-5　$N = 3$，$M = 4$，6，8 时构造的小波函数

图 4-5 中，上方三幅图为选用基函数 $\phi_k(x) = x^{k/2}$ 时，N 不变而 M 依次变化所分别构造得到的小波的时域图；下方三幅图为选用基函数 $\phi_k(x) = x^k e^{0.1(k+1)x}$ 时，N 不变而 M 依次变化所分别构造得到的小波的时域图。

再按照上述选取方法（1）和（3）确定三个参数，得到小波的时域波形图如图 4-6 所示。

图 4-6 中，上方三幅图为选用基函数 $\phi_k(x) = x^{k/2}$ 时，M 不变而 N 依次变化所分别构造得到的小波的时域图；下方三幅图为选用基函数 $\phi_k(x) = x^k e^{0.1(k+1)x}$ 时，M 不变而 N 依次变化所分别构造得到的小波的时域图。

根据以上的小波时域图，可得分析结果如下：

（1）选取的基函数不同，构造出的小波波形存在非常明显的不同。

（2）当 N 不变时，随着 M 的增加，所构造小波的震荡性和支撑长度均增加。

（3）当 M 不变时，随着 N 的增加，所构造小波的光滑性将不断增加。

4.3.2 小波的频域特性

接下来，对新的小波的频域滤波特性进行分析。按照上述选取方法（1）和（2）确定三个参数后，得到小波的频域波形图如图 4-7 所示。

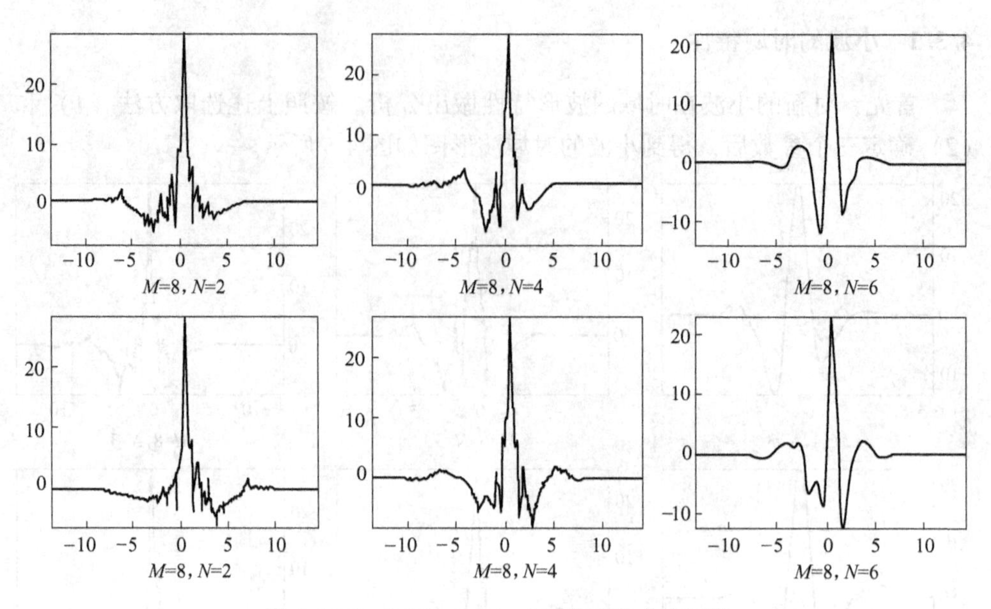

图 4-6　$M=8$，$N=2$，4，6 时构造的小波函数

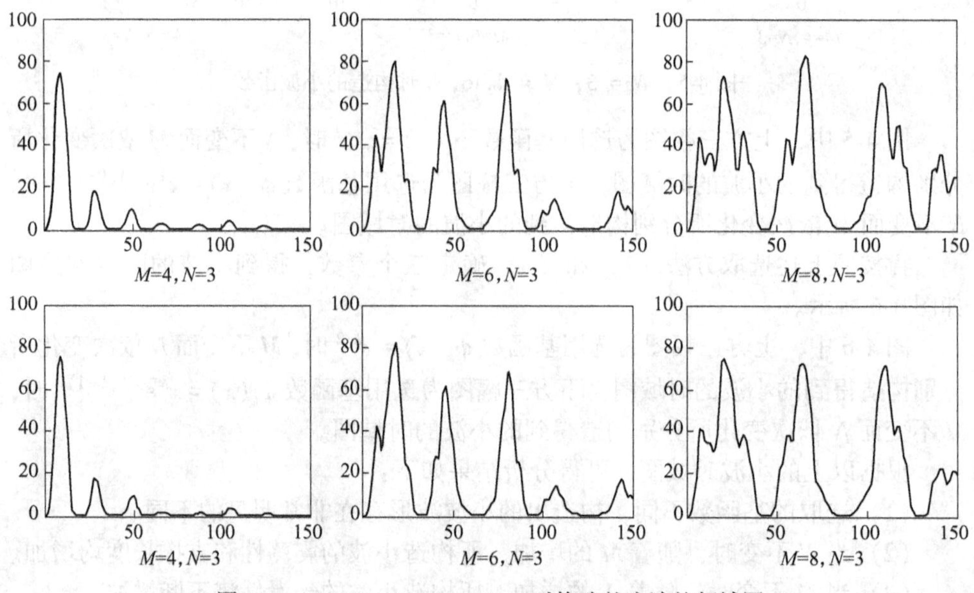

图 4-7　$N = 3$，$M = 4$，6，8 时构造的小波的频域图

图 4-7 中，上方三幅图为选用基函数 $\phi_k(x) = x^{k/2}$ 时，N 不变而 M 依次变化所分别构造得到的小波的频谱图；下方三幅图为选用基函数 $\phi_k(x) = x^k e^{0.1(k+1)x}$ 时，N 不变而 M 依次变化所分别构造得到的小波的频谱图。

再按照上述选取方法（1）和（3）确定三个参数，得到小波的频域波形图如图4-8所示。

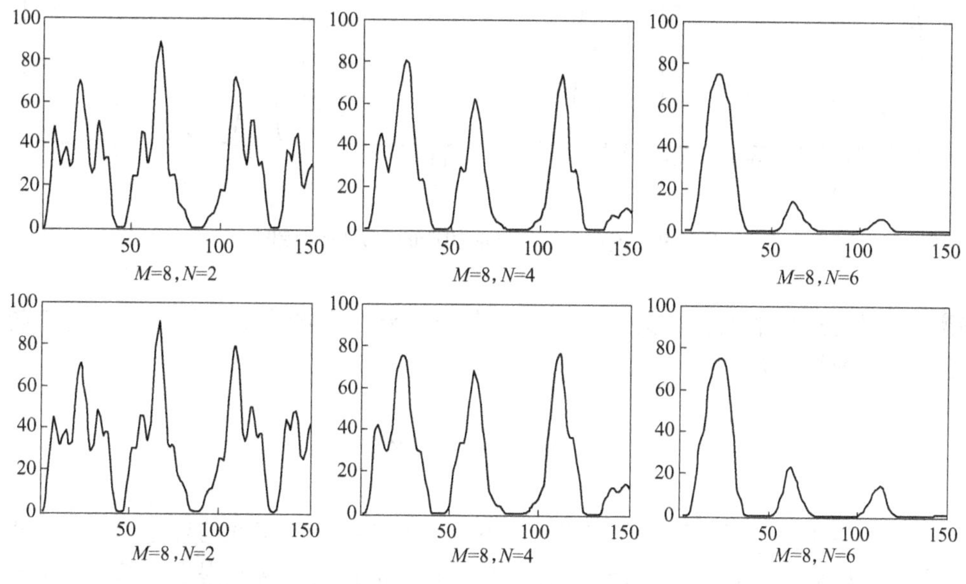

图4-8 $M=8$，$N=2$，4，6时构造的小波的频域图

图4-8中，上方三幅图为选用基函数 $\phi_k(x)=x^{k/2}$ 时，M 不变而 N 依次变化所分别构造得到的小波的频谱图；下方三幅图为选用基函数 $\phi_k(x)=x^k e^{0.1(k+1)x}$ 时，M 不变而 N 依次变化所分别构造得到的小波的频谱图。

对图4-8结果进行分析，得到结论如下：

（1）上述小波在频域是一个带有“旁瓣”的带通滤波器。

（2）虽然选取的基函数不同，但所构造小波的频域图形十分接近，没有太大差异。

（3）当 N 不变时，随着 M 的增加，所构造小波的“主瓣”带宽将随之增加，而其“旁瓣”的数量和带宽也随之增加。

（4）当 M 不变而 N 逐渐增加时，与（3）相反，所构造小波的“主瓣”带宽将随之减小，而其“旁瓣”的数量和带宽亦随之减小。

（5）若 M 和 N 的取值越接近，所构造小波的“主瓣”的带通滤波特性将越好。

根据上述结论（2）和（5），取三组数值较为接近的 M 和 N 即 $(M,\ N)$ 分别为(4，3)、(6，5)和(8，7)，同时，取基函数为 $\phi_k(x)=x^{k/2}$，对新的小波的带通滤波特性做进一步的分析。所得小波的频域图如图4-9所示。

由图4-9的结果可知，随着 M 和 N 的增加，小波在频域的带通滤波器的“主

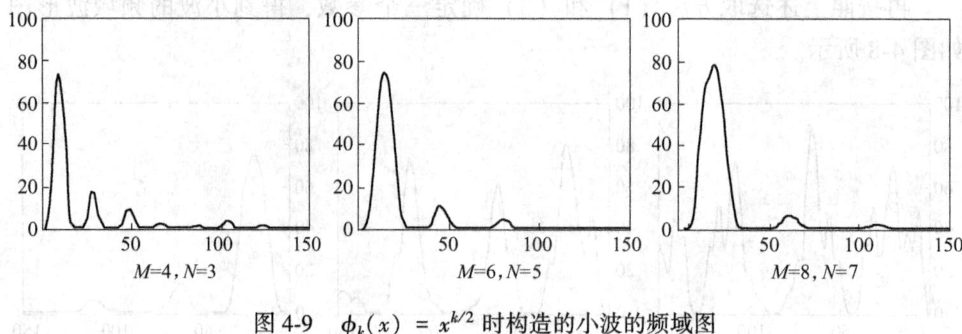

图 4-9 $\phi_k(x) = x^{k/2}$ 时构造的小波的频域图

瓣”的带宽逐渐增加；而其“旁瓣”的带宽虽然也逐渐增加，但幅值却越来越小，以致渐趋消失。

4.4 小 结

在本章中，受提升算法通过设计提升算子来改进小波特性的思想的启发，将函数逼近的思想引入插值细分过程以实现新样本的预测，从而提出了基于数据拟合的最小二乘法的预测算子构造算法；同时结合预测算子、更新算子和滤波器系数之间的联系，得到一种新的提升小波构造方法。

在这一方法中，新小波的构造与三个关键参数，即基函数 $\{\phi_k(x)\}$ 、样本点数 M 和基函数的维数 N 有关。其中，仅要求两个重要参数 M 和 N 满足条件：$N < M$ 。为此，探讨和通过对三个参数分别进行选取和组合，构造出了一系列各具不同特性的新的小波。进一步进行对比分析，得出初步结论有：（1）当选用代数式基函数时，所生成的拟合多项式的次数 n 与样本点数 M 之间没有关联；但当 $n = N = M - 1$ 满足时，所得到的结果与应用 Lagrange 插值算法得到的结果完全相同。由此可得，基于 Lagrange 插值算法的小波构造为本章所提出小波构造新方法的一种特例情况。进一步深入分析三个关键参数对所构造的新小波的特性的影响。通过对参数的调整，详细分析了采用新方法构造的小波的时域和频域特性，并继续得出初步结论如下：（2）基函数的选取对所构造小波的时域波形存在较大的影响，而对其频域波形则影响不大。(3) M 的变化将引起所构造小波震荡性和支撑长度的变化；而对其频域波形，则将引起其“主瓣”带宽、“旁瓣”数量以及带宽呈现与 M 一致的变化趋势。(4) N 的变化将引起所构造小波光滑性的变化；而对其频域波形，则将使其“主瓣”带宽、“旁瓣”数量和带宽呈现与 N 相反的变化趋势。(5) 当 M 和 N 的取值越接近时，所构造小波的“主瓣”的带通滤波特性将越好；并且随着 M 和 N 的增加，小波在频域的带通滤波器的“主瓣”的带宽将逐渐增加；其“旁瓣”的带宽虽然也逐渐增加，但幅值却越来

越小，以致渐趋消失。相比应用已有算法只能构造出具有不同消失矩的对称小波的局限性，采用本章的算法，只需要选取不同的 $\{\phi_k(x)\}$ 、M 和 N ，便可构造出具有多种不同特性如消失矩、震荡性和光滑性甚至是非对称的小波函数，整个构造过程十分简单灵活，易于实现。并且，除要求 $N < M$ 以外，三个参数之间无必然联系，非常便于构造小波时的自由选择。

综上所述，本章提出的基于数据拟合的最小二乘法和提升算法的小波构造新方法，为构造适用于实际工程应用的具有不同特性的新的小波函数提供了一种可能。根据实际信号的不同特点，可以通过对基函数、基函数的维数、样本点数三个关键参数进行灵活选取来自适应地构造期望的新的小波，从而更有效地实现工程信号的分析处理以及特征提取。

5　基于拟合的自适应冗余提升小波分析

在第 4 章节中，根据提升算法的特点和函数逼近的思想，提出一种基于数据拟合的最小二乘法的预测算子和更新算子设计的新方法，进而构造出了具有不同特性的新的小波。

目前，在基于提升算法的小波构造中应用极为广泛的是基于 Lagrange 插值公式所构造的对称性小波。然而，对于含故障轴承的振动信号，由其故障机理可知，其响应波形呈现出单边振荡衰减的非对称特性。因此，采用上述的对称小波并不能很好地匹配这种非对称的特征。而在第 4 章所论述的小波构造的新方法中，只需要对基函数、基函数的维数、样本点数三个关键参数进行适当选取，便可灵活简便地构造出具有多种特性如震荡性、光滑性特别是非对称性的小波函数。为此，本章引入自适应冗余提升小波变换，分别选用基于插值公式构造的对称小波以及基于第 4 章新方法所构造的非对称小波对各层待分解的低频逼近信号进行冗余提升小波分解，并以第 3 章提出的 l^p 范数作为目标函数，来逐层选取匹配于各个低频逼近信号的最优小波，从而对对称小波、非对称小波在轴承故障特征提取中的优越性进行对比分析。同时，提出自适应冗余提升小波包分析方法，采用第 4 章新方法构造出六种各具不同特性的新的小波，结合小波包能量分析和包络解调分析来对信号进行处理。将上述两种方法分别应用于轴承故障诊断的实例分析，以验证第 4 章中小波构造新方法所构造的新的小波在实际应用中的可行性和有效性。

5.1　基于拟合的冗余提升小波变换

5.1.1　基于拟合的新小波的构造

通过第 4 章的分析可知：基于数据拟合的预测算子构造只与基函数 $\{\phi_k(x)\}$ 、样本点数 M 和基函数的维数 N 有关。而由 4.2.2 节中的结论（1）：当所选基函数为代数式，并且生成的拟合多项式的次数 n 与 M 和 N 满足关系式 $n = N = M - 1$ 时，所构造的小波与应用 Lagrange 插值算法构造的小波是完全相同的。因此在本节中，选取一个代数式和两个超越式一共三个基函数，结合三种样本点数和基函数的维数的组合来生成拟合函数，进而构造出九种具有不同特性特别是对称性和非对称性的小波函数，用以进行信号的处理和对比分析。所选的基函数为：

（1）代数式：$\phi_k(x)=x^k$，$k=0, 1, 2, \cdots N$；

（2）超越式：$\phi_k(x)=x^k \cdot 0.6^{(0.1(k+1)x)}$，$k=0, 1, 2, \cdots N$；

（3）超越式：$\phi_k(x)=x^k \cdot 2^{(0.1(k+1)x)} \cdot \cos[0.1(k+1)x]$，$k=0, 1, 2, \cdots, N$。

所选的 (M, N) 的组合分别为（4，3）、（6，5）和（8，7），并且取更新算子长度与预测算子长度相同。则所构造的九种小波函数如图 5-1~图 5-3 所示。

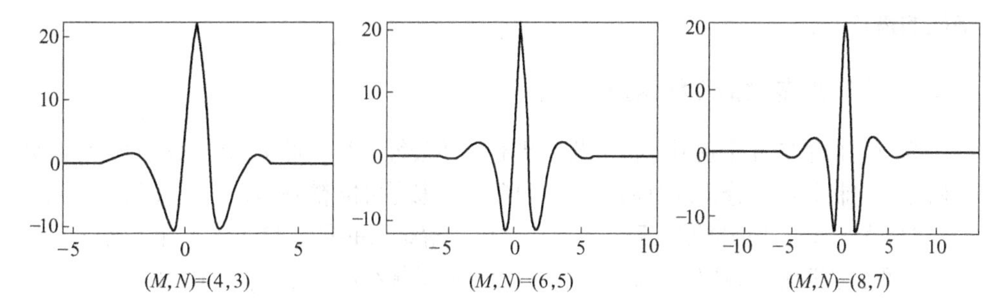

图 5-1 基函数（1）及三种（M，N）组合下构造的小波函数

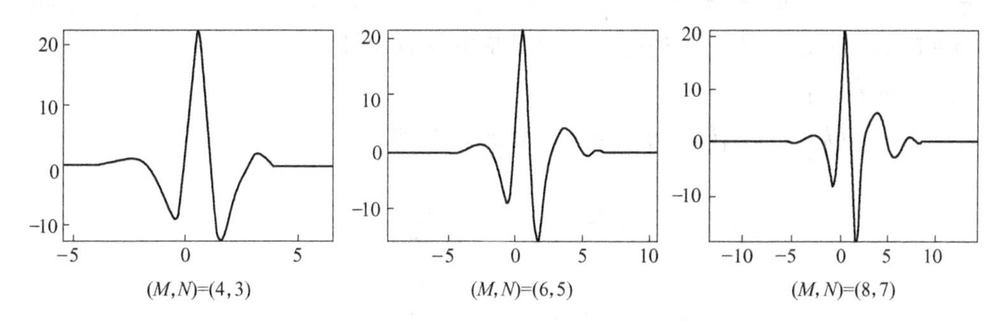

图 5-2 基函数（2）及三种（M，N）组合下构造的小波函数

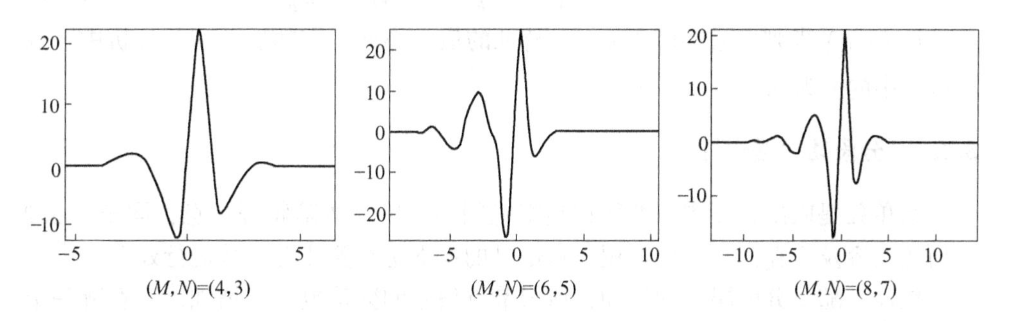

图 5-3 基函数（3）及三种（M，N）组合下构造的小波函数

从图 5-1～图 5-3 中可以看出，九种新的小波的消失矩、震荡性和光滑性各不相同，并且其中存在一个显著的差异：由代数式基函数（1）生成的拟合函数所构造的小波与当前最常用的基于 Lagrange 插值公式得到的对称小波完全相同；而通过超越式基函数（2）和（3）生成的拟合函数所构造的小波则是非对称的，并且分别具有一定的向右和向左的单边震荡性。

接下来，将应用上述九种各具不同特性的小波函数分别对轴承实验台的实验信号和某钢厂的工程信号作自适应冗余提升小波分析，并对各层的分解结果建立基于最小归一化 l^p 范数的目标函数，以此确定最匹配于各层待分解低频逼近信号特征的最优小波。

5.1.2　基于 l^p 范数的目标函数

为应用自适应冗余提升小波分析来更有效地表征信号，即突出感兴趣的信号成分而相应地抑制其他成分，同时通过更少的数据量来尽可能精确地逼近真实信号，同第 3 章对最优小波的评估准则一致，本节仍然以分解结果的最小归一化 l^p 范数作为目标函数来确定最匹配于各层待分解低频逼近信号的最优小波。令 $j(j=0,1,2,\cdots)$ 为当前的分解层数，$\widetilde{L}$ 为初始信号的样本长度，$a_j(k)(k=1,2,\cdots,\widetilde{L})$ 表示低频逼近信号（当 $j=0$ 时即为初始信号），$d_j(k)(k=1,2,\cdots,\widetilde{L})$ 表示高频细节信号。则对当前的低频逼近信号 $a_{i,j}$ 进行一次自适应冗余提升小波分解之后，可得到新的 $a_{i,j+1}$ 和 $d_{i,j+1}$。

对 $a_{j+1}(k)$ 和 $d_{j+1}(k)$ 分别取归一化 l^p 范数如下：

$$\| a_{j+1} \|_p = \left(\sum_{k=1}^{\widetilde{L}} \left| a_{j+1}(k) \Big/ \sum_{k=1}^{\widetilde{L}} a_{j+1}(k) \right|^p \right)^{1/p} \tag{5-1}$$

$$\| d_{j+1} \|_p = \left(\sum_{k=1}^{\widetilde{L}} \left| d_{j+1}(k) \Big/ \sum_{k=1}^{\widetilde{L}} d_{j+1}(k) \right|^p \right)^{1/p} \tag{5-2}$$

$$l^p(a_j) = \| a_{j+1}(k) \|_p + \| d_{j+1}(k) \|_p \tag{5-3}$$

以 $l^p(a_j)$ 来判定最匹配于 $a_j(k)$ 特征的最优小波。在随后的实例分析中，取 l^p 范数中的 p 为 0.1。

5.1.3　分段功率谱估计

为单独提取出高频谱峰群所在频率范围内的轴承故障特征信息，同第 3.3.2 节所述内容及步骤，本节仍采用节点信号的单支重构算法对信号进行处理。

然而，随着分解层数的增加，所得节点信号的数量也随之增加。究竟哪一个节点信号最能体现高频谱峰群所在频段的信息并进而被选用进行单支重构呢？鉴于各节点信号对应的频率范围的大小不同，本节提出分段功率谱估计来做分析判断。

对于某一长度为 $\widetilde{L}$ 的初始信号 X，其功率谱估计可通过以下两个步骤来实现：

（1）对 X 作傅里叶变换得到 $F(X)$；

（2）求取 $F(X)$ 幅值的平方再除以 $\widetilde{L}$。

根据高频谱峰群能量集中的特点可知，应选取功率最大的节点信号进行单支重构。而上述步骤（2）表明：功率谱估计与信号的长度有关。若选用经过冗余提升小波变换得到的节点信号做功率谱估计，则由冗余算法的特性，所有的节点信号将具有相同的长度。但随着分解层数 j 的增加，$a_j(k)$ 和 $d_j(k)$ 对应的频率范围却逐渐变小。由此完全可以看出，功率最大的节点信号将永远落在 $a_1(k)$ 或者 $d_1(k)$ 上。这样的处理具有明显的不合理性，也违背了采用功率谱估计来选取节点信号的最初目的。

为此，考虑对初始信号直接做功率谱估计来解决上述方案的不足。具体过程分为两步：

（1）根据小波变换对节点信号频率范围的划分规律对初始信号做分段功率谱估计。当分解层数为 j 时，将得到 $2j$ 个分段功率。

（2）对得到的各个分段功率逐一进行比较，确定最大者所对应的频率范围，进而选取该频率范围所对应的节点信号来进行单支重构。令 X 的分析频率为 f_S，若最大功率落在 $[0, f_S/2^j]$ 内，选取的节点信号为 $a_j(k)$；若最大功率落在 $[f_S/2^{j+1}, f_S/2^j]$ 内，选取的节点信号为 $d_{j+1}(k)$。为便于分析，按 $[f_S/2^{j+1}, f_S/2^j]$，$[0, f_S/2^{j+1}]$，$[f_S/2^{j+2}, f_S/2^{j+1}]$，… 的顺序依次作分段功率谱估计，并将顺序记为 $2j+1$，$2j+2$，$2(j+1)+1$，…，则可将频率范围的序号与节点信号简化地对应为：$2j+1$ 对应于 $d_{j+1}(k)$；$2j+2$ 对应于 $a_{j+1}(k)$。

综上，基于本节分析方法的轴承故障特征提取算法的过程为：

（1）应用基于数据拟合构造的九种小波逐层对待分解信号 $a_{j,k}$ 作冗余提升小波变换。

（2）对分解后得到的低频逼近信号 $a_{j+1}(k)$ 和高频细节信号 $d_{j+1}(k)$ 求取归一化 l^p 范数，用以确定最匹配于被分解节点信号 $a_j(k)$ 特征的最优小波，实现自适应算法。

（3）对初始信号作分段功率谱估计，选取分段功率最大者所在频率范围对应的节点信号来进行单支重构。

（4）对单支重构后的信号作 Hilbert 解调分析，最终提取轴承早期故障的微弱特征信息。

同时，将应用本节方法得到的结果、初始信号的频谱图和 Hilbert 解调谱图三者进行对比分析，以检验本节所述方法的优越性。

5.2　实例分析一

本节中，先后选用轴承实验台的故障信号和某钢厂现场实测信号进行分析。

5.2.1　实验信号分析

从轴承实验台采集含有滚动体故障的轴承的振动信号，由表 2-1 可知，滚动体的故障特征频率 f_{roller} 为 99.223Hz。采用第 5.1 节所述方法对其进行分析处理。

首先，对信号做基本的时域分析和频谱分析，结果如图 5-4 所示。

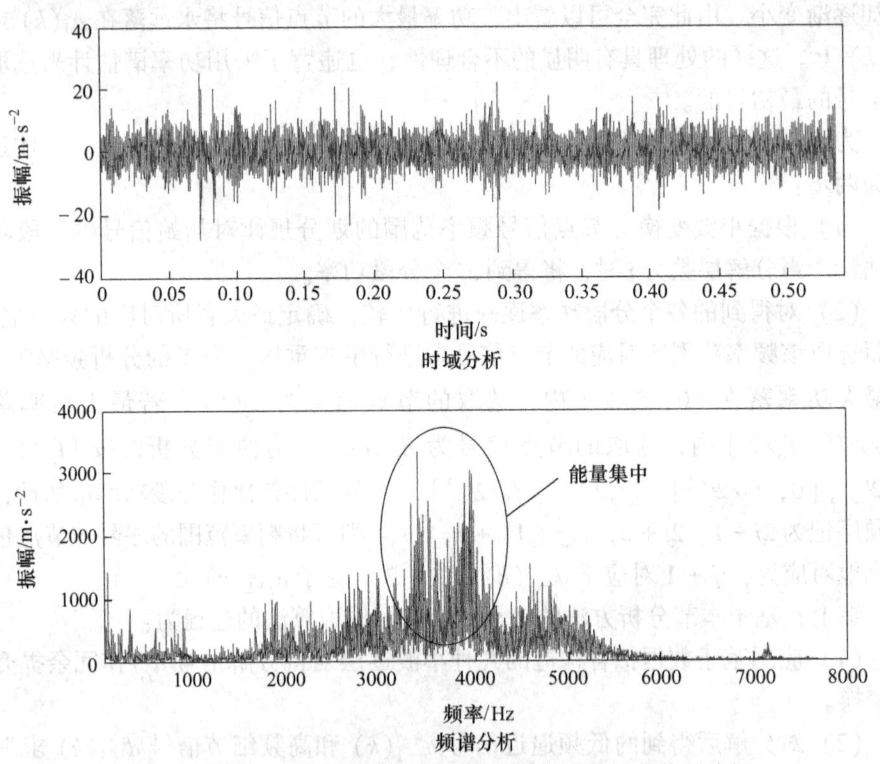

图 5-4　轴承实验台含滚动体故障轴承的振动加速度信号分析

从图 5-4 的时域图中可看到，出现了几个冲击信号，但难以发现几者呈现出明显的周期性；而在频谱图中则出现了能量集中的高频谱峰群（如图中圆圈部分所示），据此初步判断：轴承可能发生了故障。

然后，对以上振动信号作三层自适应冗余提升小波分解，并对各尺度下的 $a_j(k)$ 计算归一化 l^p 范数，得到 $l^p(a_j)$ 见表 5-1。

表 5-1 实验信号各层节点信号的归一化 l^p 范数 ($\times 10^{35}$)

层数	小波								
	1,(4,3)	2,(4,3)	3,(4,3)	1,(6,5)	2,(6,5)	3,(6,5)	1,(8,7)	2,(8,7)	3,(8,7)
1	2.2867	2.2915	2.2862	2.2803	2.2952	2.2733	2.2769	2.2879	2.2805
2	2.3003	2.3011	2.2891	2.2983	2.2902	2.2663	2.2941	2.2896	2.2894
3	2.2915	2.2925	2.2935	2.2773	2.2980	2.2886	2.2762	2.2958	2.2926

表 5-1 中，1，(4，3) 表示由基函数 (1)，(M，N) 的组合为 (4，3) 构造得到的小波函数，其他八种表示方法以此类推。由表中的结果可以看出，各层的最小归一化 l^p 范数值分别为 2.2733×10^{35}、2.2663×10^{35} 和 2.2762×10^{35}。因此，最匹配于各个 $a_j(k)$ 特征的最优小波分别为：

(1) $a_0(k)$：由 3，(6，5) 构造的小波；

(2) $a_1(k)$：由 3，(6，5) 构造的小波；

(3) $a_2(k)$：由 1，(8，7) 构造的小波。

由上述结果可知，最匹配于节点信号 $a_0(k)$ 和 $a_1(k)$ 的最优小波为由 3，(6，5) 构造的非对称小波（见图 5-3 和 5.1 节内容），相比于现在应用极为广泛的对称小波，该非对称性小波则更适合于节点信号的特征匹配。

按照表 5-1 中的计算结果，对各个尺度下的低频逼近信号分别选用最优小波进行冗余提升小波分解，得到各个节点信号 $a_j(k)$ 和 $d_j(k)$ 的时域图如图 5-5 所示。

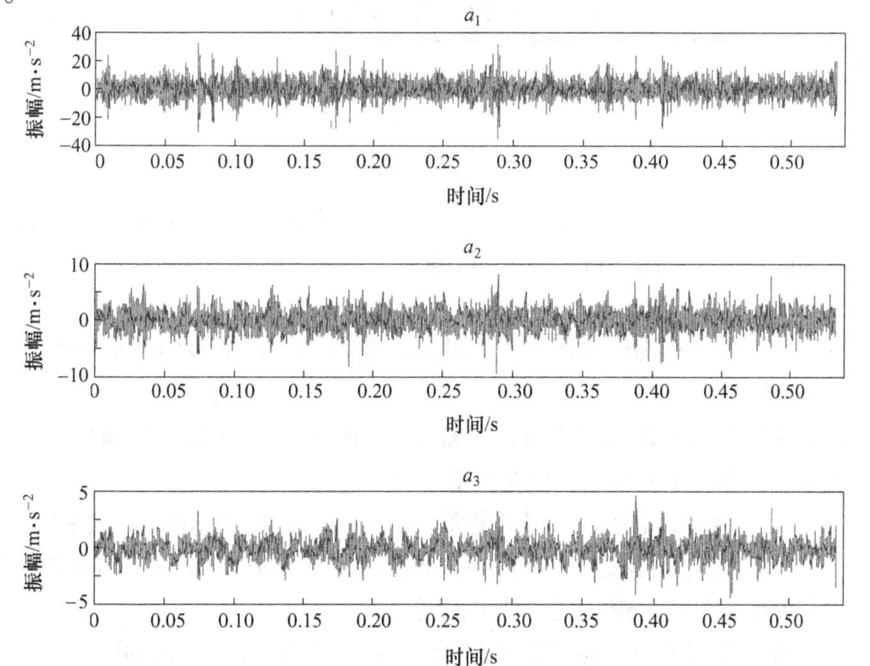

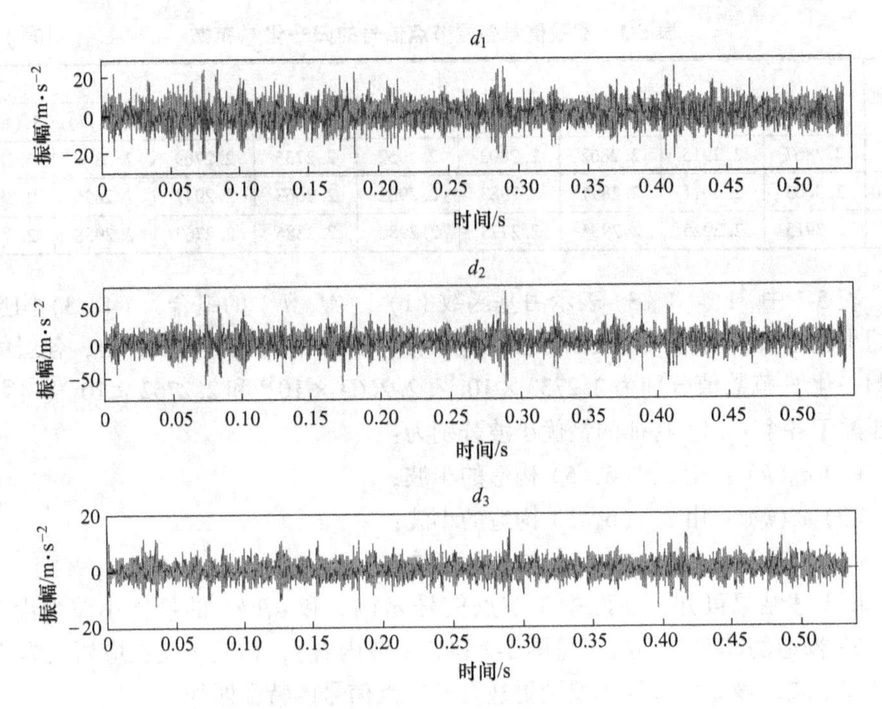

图 5-5　实验信号各节点信号的时域图

再对初始振动信号作分段功率谱估计，计算结果见表 5-2。

表 5-2　实验信号的分段功率谱估计　（×10^4）

序号	1	2	3	4	5	6
功率值	13.763	19.180	35.346	3.0143	2.9236	3.1050

由表 5-2 可知，序号 3 对应的分段功率值最大；因此，选用节点信号 $d_2(k)$ 做单支重构以及 Hilbert 解调处理。同时，得到初始信号的局部频谱图以及 Hilbert 解调谱图作对比分析，如图 5-6 所示。

从图 5-6 中可以看出：

（1）从信号的局部频谱图中无法找到任何与滚动体的故障特征频率 f_{roller} 相关的特征信息。

（2）从信号的解调谱图中可以发现 298.1Hz 的频率成分，该频率与 f_{roller} 的三倍频 297.667Hz 十分接近，但是幅值很小。

（3）从采用本章论述方法得到的图 5-7 中可以发现 99.38Hz 的频率成分，其与 f_{roller} 99.223Hz 十分接近，同时还能找到其二倍频 198.8Hz 和三倍频 298.1Hz，并且三个频率成分均比较明显，易于识别。

（4）综上分析可知，应用上节论述的方法能更有效地提取轴承的故障特征。

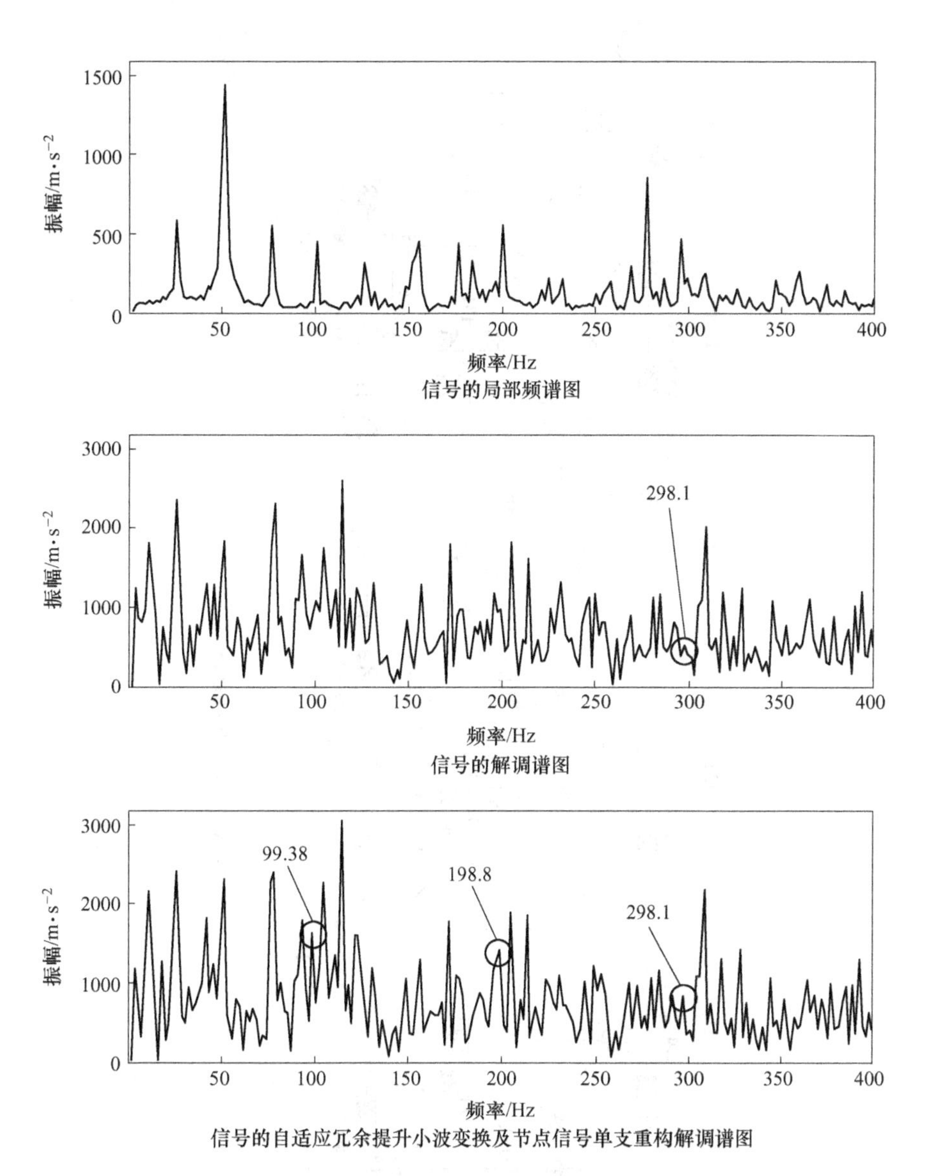

图 5-6　轴承实验台含滚动体故障轴承振动加速度信号特征提取对比分析

5.2.2　工程信号分析

为进一步验证第 5.1 节论述的方法在工程实践应用中的有效性，将其应用于某钢厂高线精轧机的振动信号分析。

该精轧机的传动链图如图 5-7 所示。

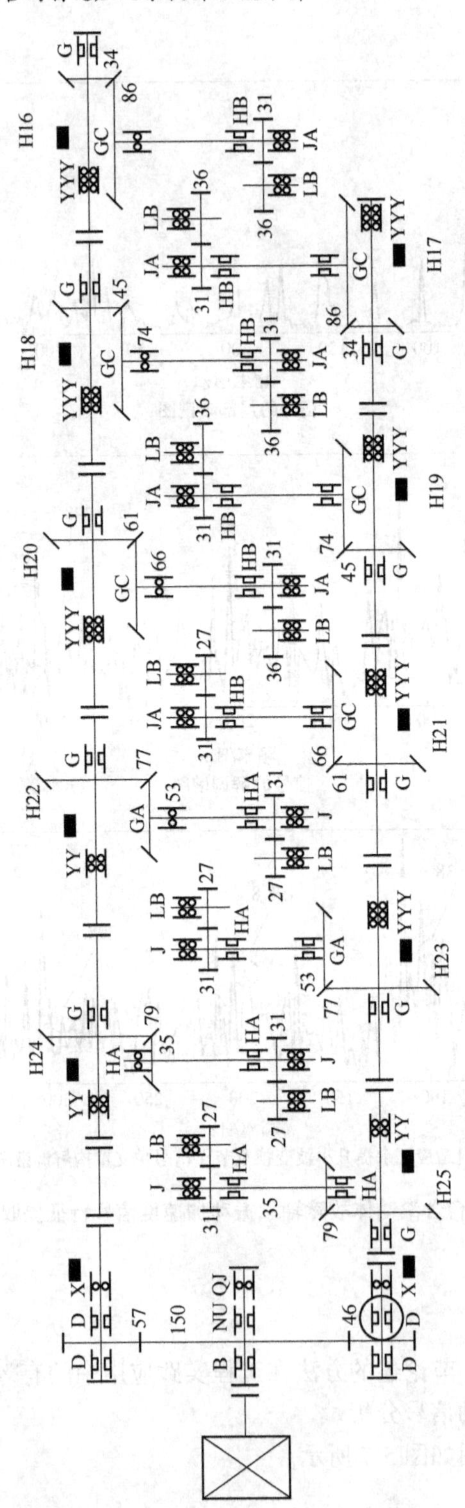

H16
H17
H18
H19
H20
H21
H22
H23
H24
H25
G
GC
GA
YYY
YY
JA
J
LB
HB
HA
D
X
NU
QJ
B
150
57
46

图 5-7 精轧机传动链图

采用在线监测系统对以上传动链图中的十二个测点进行实时监测。由增速箱的北输出端的水平测点（图中圆圈标记处）从 7 月 14 日到 7 月 24 日之间的峰值趋势图可知，该测点的峰值从 7 月 18 日开始呈现上升趋势，并已处于报警状态，最高值达到了 223.17m/s^2。为实现设备的早期故障检测，选取该测点在 7 月 1 日 5 时的振动加速度信号进行分析。相关参数如下：电机转速为 883r/min，采样频率为 10000Hz，采样点数为 2048 点。

首先，分别对该信号做时域分析和频谱分析，得到图 5-8。

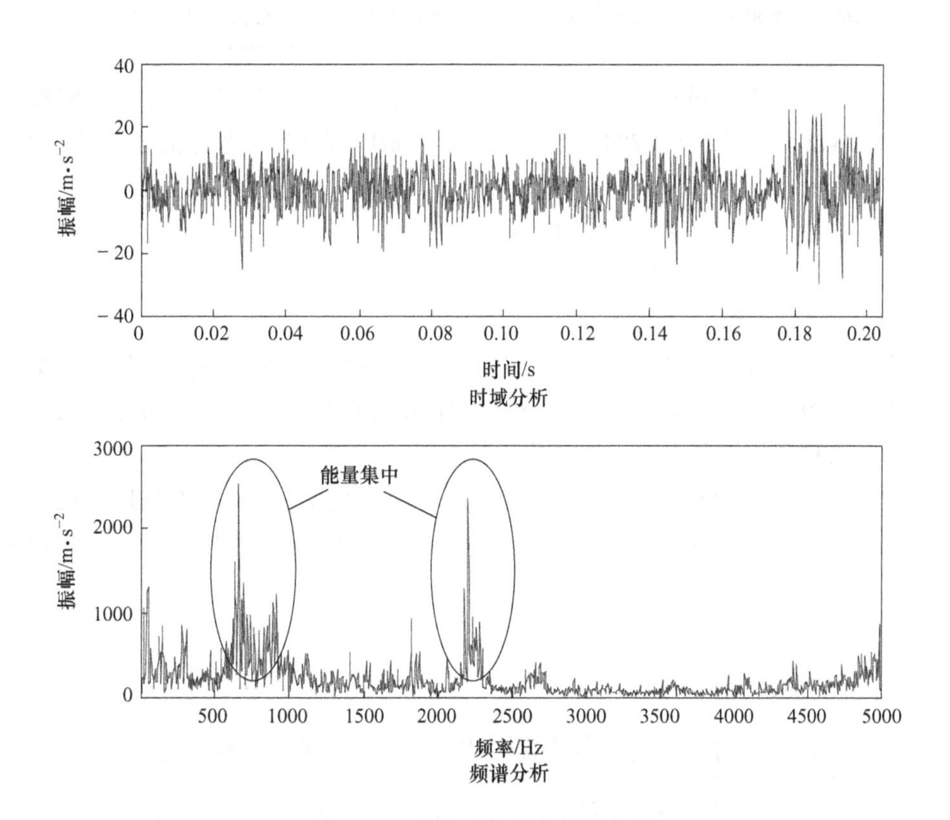

图 5-8 工程振动加速度信号分析

从图 5-8 中可见，信号的时域波形随机性较强，难以识别出轴承的运行状态；而其频谱图中出现了能量较为集中的谱峰群（如图中圆圈部分所示），由此初步判断轴承可能发生了故障。但仍需要对信号做进一步的分析来实现更准确的判断。

接下来，应用第 5.1 节论述的方法对该振动加速度信号进行三层分解，计算得到各尺度下 $a_j(k)$ 的归一化 l^p 范数，见表 5-3。

表 5-3 工程信号各层节点信号的归一化 l^p 范数 （$\times 10^{29}$）

层数	小波								
	1,(4,3)	2,(4,3)	3,(4,3)	1,(6,5)	2,(6,5)	3,(6,5)	1,(8,7)	2,(8,7)	3,(8,7)
1	8.7626	8.7422	8.6927	8.7837	8.8049	8.7175	8.7944	8.7780	8.8093
2	8.7863	8.8287	8.8075	8.8101	8.8390	8.7842	8.7894	8.8398	8.8048
3	8.7674	8.8260	8.7363	8.7620	8.7321	8.6784	8.7261	8.7538	8.7583

由表 5-3 的结果可以看出，各层的最小归一化 l^p 范数值分别为 8.6927×10^{29}、8.7842×10^{29} 和 8.6784×10^{29}。因此，最匹配于各层节点信号 $a_j(k)$ 的最优小波分别为：

（1）$a_0(k)$：由 3，（4，3）构造的小波；

（2）$a_1(k)$：由 3，（6，5）构造的小波；

（3）$a_2(k)$：由 3，（6，5）构造的小波。

由上述结果可知，最匹配于三个节点信号 $a_0(k)$、$a_1(k)$、$a_2(k)$ 的最优小波均为由基函数（3）所构造的小波函数；相比现在应用极为广泛的对称小波，该非对称小波更适用于节点信号的特征匹配。

根据表 5-3 中的计算结果，对各个尺度下的低频逼近信号分别选用最优小波进行冗余提升小波分解，得到各个节点信号 $a_j(k)$ 和 $d_j(k)$ 的时域图，如图 5-9 所示。

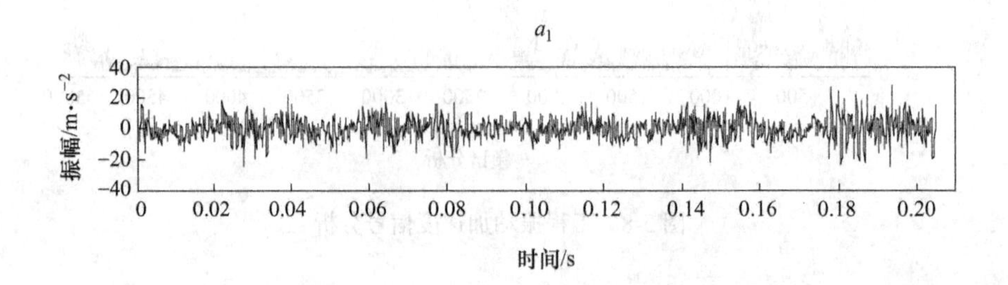

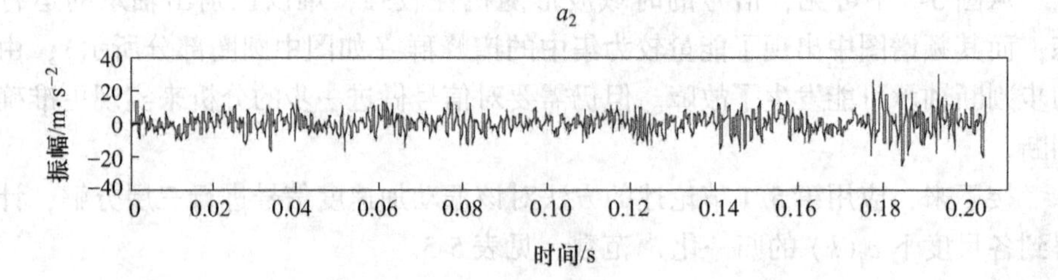

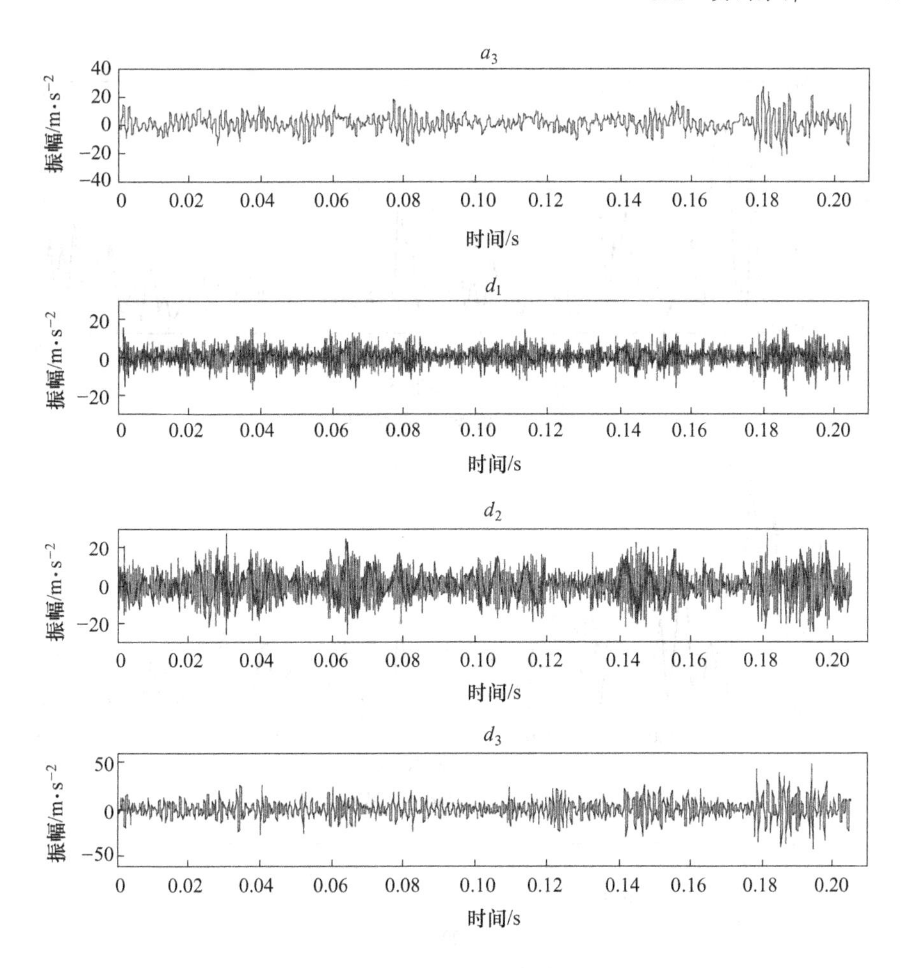

图 5-9 工程信号各个节点信号的时域图

进一步对测点的振动加速度信号作分段功率谱估计，结果见表 5-4。

表 5-4 工程信号的分段功率谱估计 （$\times 10^4$）

序号	1	2	3	4	5	6
功率值	2. 3492	17. 130	9. 7421	24. 518	32. 812	16. 223

由表 5-4 可知，序号 5 对应的分段功率值最大，选用节点信号 $d_3(k)$ 进行单支重构以及 Hilbert 解调处理；再取测点信号的局部频谱图以及 Hilbert 解调谱图，三者的对比分析如图 5-10 所示。

对图 5-10 的三种方法做对比分析，可得出如下结果：

（1）应用本章论述的算法进行分析，从图 5-10 中可以发现 146. 5Hz 的频率成分，以及其二倍频 293Hz 和三倍频 439. 5Hz。

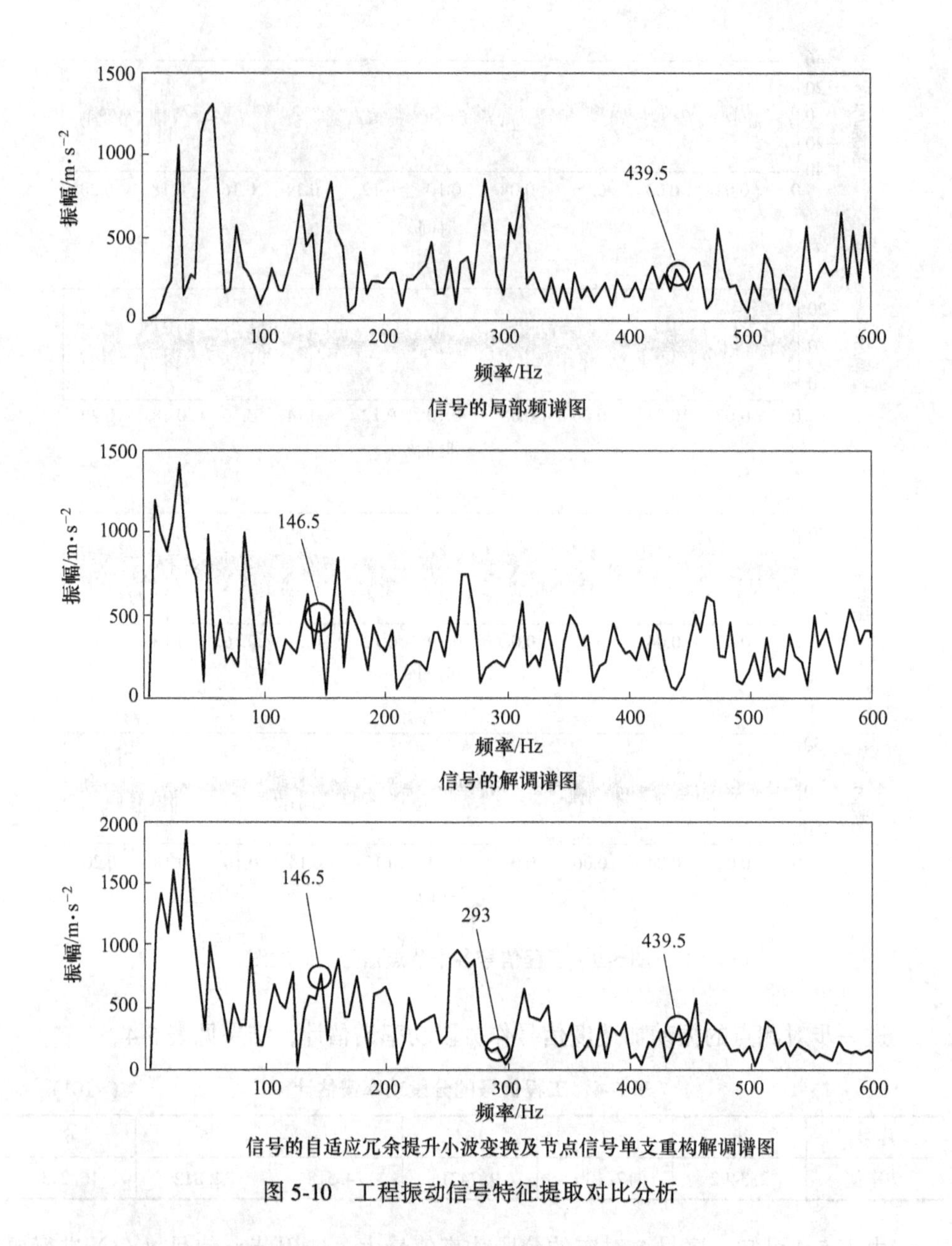

图 5-10 工程振动信号特征提取对比分析

（2）从信号的局部频谱图中可以找到 439. 5Hz 的频率成分。

（3）从信号的解调谱图中仅能找到 146. 5Hz 的频率成分。

通过上述分析提取的频率成分 146. 5Hz 与增速箱的北输出端圆柱滚子轴承（图 5-7 中圆圈所标识）的滚动体故障特征频率 145. 695Hz 十分接近，据此判断滚动体发生故障。之后的拆箱检修得到轴承损坏的照片如图 5-11 所示。

含滚动体故障轴承

滚动体点蚀

图 5-11 增速箱北输出端 I 轴轴承损伤示意图

由上述分析过程可知，应用第 5.1 节论述的算法可以更有效地提取工业生产现场滚动轴承的故障特征。

5.3 基于拟合的冗余提升小波包变换

在提升小波分析中，仅对低频逼近信号不断进行分解。而小波包分析则同时对低频逼近信号和高频细节信号进行分解，使得对频带的划分更为精细，提高了高频部分的频率分辨率。而冗余算法具有时移不变性，并且能保证各个尺度下的节点信号中始终含有较丰富的信息量。因此，在第 4 章的研究基础上，本节提出基于拟合的自适应冗余提升小波包分析方法，用以提取滚动轴承中的微弱故障特征。

冗余提升小波包分解与重构的过程如图 5-12 所示。

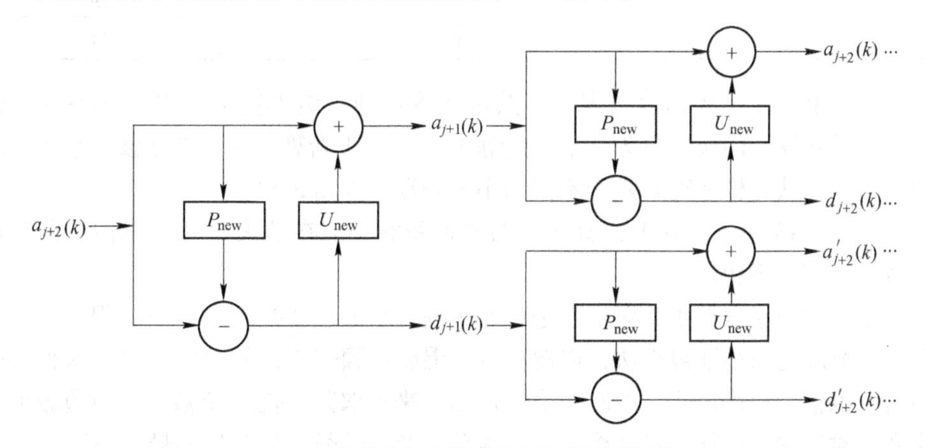

冗余提升小波包变换的正变换分解过程

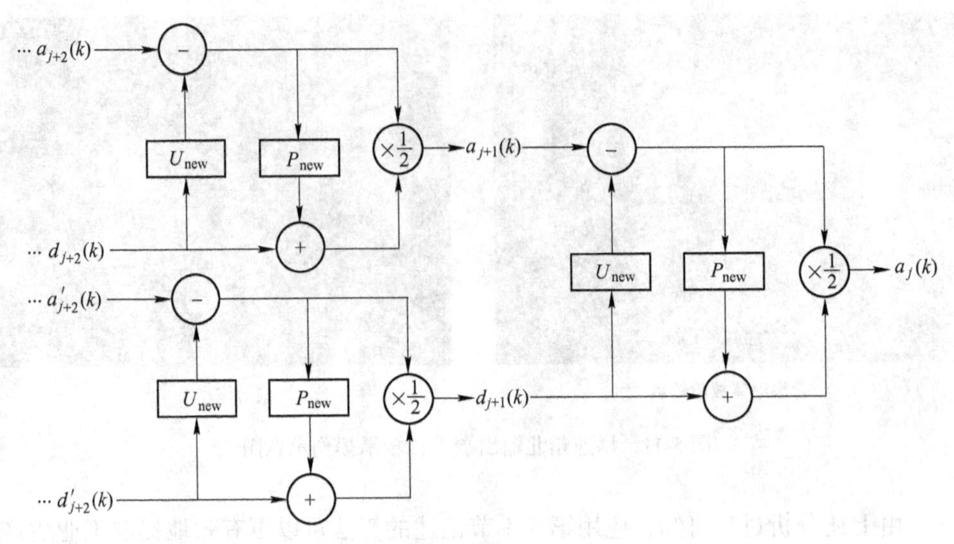

图 5-12　冗余提升小波包分析的变换过程

为了实现自适应算法，即对不同的节点信号采用不同小波来最优匹配其所含特征，需要构造多个各具特性的小波。根据第 4 章论述的方法，本节采用变参数方法，对式（4–11）中的三个关键参数选取如下。

（1）基函数 $\phi_k(x)$：取 $\phi_k(x)=\mathrm{e}^{\sin(a\cdot k\cdot x)}$，$k=0,1,2,\cdots,N$，并令该函数中的系数 a 分别取值为 0.05 和 0.1。

（2）样本点数 M 和基函数的维数 N：令 M 和 N 的取值组合见表 5-5。

表 5-5　样本点数和基函数维数的取值组合

M	4	8	12
N	3	7	11

根据上述变参数选取方案，一共可计算得到六组不同的预测算子系数。同时，取更新算子的长度也为 N，结合预测算子、更新算子和小波滤波器系数之间的关系，一共可构造得到六种不同的小波函数，如图 5-13 所示。

从图 5-13 中可以看出，所构造的六种新的小波在消失矩、光滑性、震荡性等特性上均各不相同。

依次选用这六种小波对信号进行冗余提升小波包变换。在变换过程中，采用第 3.2 节改进的小波包算法，以解决频率混叠和频带交错的问题。对分解得到的新的节点信号，采用式（3-2）和式（3-3）来求取归一化 l^p 范数，并以范数值最小者所对应的小波作为最匹配上一层被分解节点信号特征信息的最优小波。

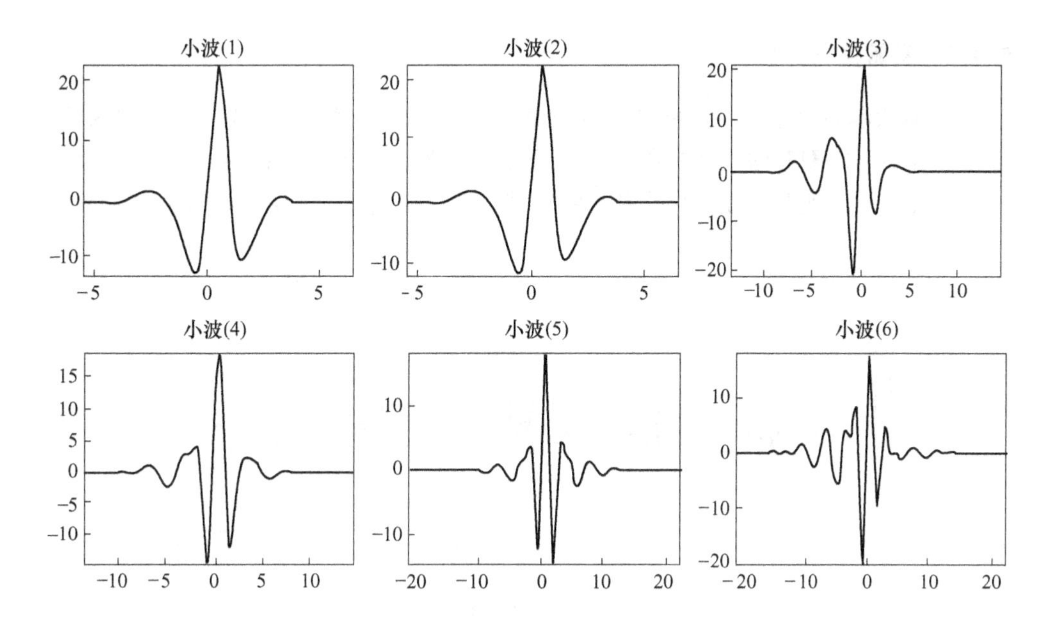

图 5-13 基于数据拟合方法构造的六种新的小波

综上所述，基于本节分析方法的轴承故障特征提取算法的具体实现过程为：

(1) 应用基于数据拟合构造的六种不同的新小波逐层对待分解信号 $a_j(k)$ 作冗余提升小波包变换。

(2) 考虑并解决小波包变换中存在的频率混叠和频带交错问题。

(3) 对各层分解后得到的低频逼近信号 $a_{j+1}(k)$ 和高频细节信号 $d_{j+1}(k)$ 求取归一化 l^p 范数，用以确定最匹配于被分解节点信号 $a_j(k)$ 特征的最优小波，实现自适应算法。

(4) 对最后一层分解得到的最底层的各个节点信号进行小波包能量分析，并选取能量最大的节点信号作单支重构。

(5) 对单支重构后的信号作 Hilbert 解调分析，最终提取轴承早期故障的微弱特征信息。

同时，将应用本节方法得到的结果分别与初始信号的频谱图和 Hilbert 解调谱图三者做对比分析，用以检验新方法的优越性。

5.4 实例分析二

为验证第 5.3 节所述方法的有效性，分别选取含故障轴承的振动信号的实验数据和工程数据进行分析。

5.4.1　实验信号分析

从轴承实验台采集含内圈和滚动体复合故障的轴承的振动信号。由第 2 章的表 2-1 可知，内圈和滚动体的故障特征频率分别为 123. 386Hz 和 99. 223Hz。

首先，对该实验振动信号作基本的时域分析和频域分析，结果如图 5-14 所示。

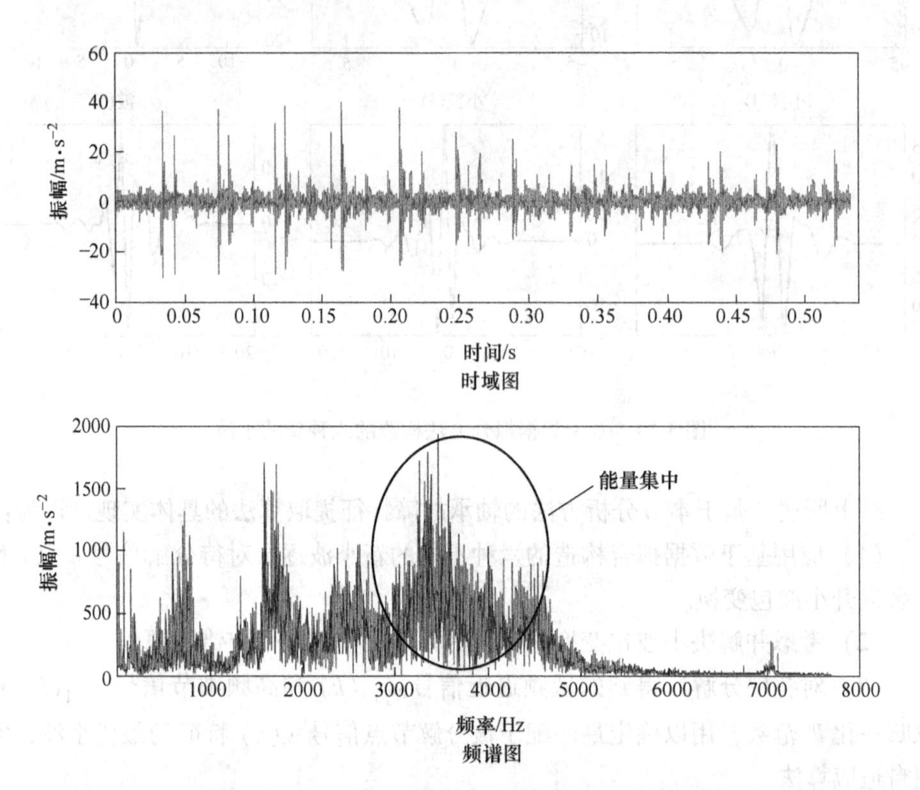

图 5-14　轴承实验台含复合故障轴承的信号分析

从图 5-14 的时域图中可以看到，出现了明显的周期性冲击信号；同时，在频谱图中也出现了能量集中的高频谱峰群（如图中圆圈部分所示）。因此，可初步判断轴承发生了故障。

选用图 5-13 中所示的六种新小波依次对该信号进行自适应冗余提升小波包分解，得到各个节点信号的归一化 l^p 范数见表 5-6。

表 5-6　实验信号各层节点信号的归一化 l^p 范数　（$\times 10^{35}$）

算子	节点信号						
	(0, 1)	(1, 1)	(1, 2)	(2, 1)	(2, 2)	(2, 3)	(2, 4)
小波 (1)	1. 9568	2. 3843	2. 2646	2. 3272	2. 3397	2. 2935	2. 9587

续表 5-6

算子	节点信号						
	(0, 1)	(1, 1)	(1, 2)	(2, 1)	(2, 2)	(2, 3)	(2, 4)
小波(2)	1.9578	2.3946	2.2639	2.3274	2.3387	2.2915	2.9879
小波(3)	1.9407	2.3857	2.2628	2.3301	2.3361	2.2768	2.9241
小波(4)	1.9639	2.3922	2.2596	2.3287	2.3361	2.2637	2.9310
小波(5)	1.9604	2.3962	2.2602	2.3334	2.3431	2.2660	2.9307
小波(6)	1.9547	2.3992	2.2626	2.3295	2.3477	2.3035	2.9209

因此，匹配于各个节点信号的最优小波见表 5-7。

表 5-7 实验信号各层节点信号的最优小波

节点	(0, 1)	(1, 1)	(1, 2)	(2, 1)	(2, 2)	(2, 3)	(2, 4)
最优小波	小波(3)	小波(1)	小波(4)	小波(1)	小波(3)	小波(4)	小波(6)

对各尺度下的节点信号采用对应的最优小波进行冗余提升小波包分解，得到最底层的八个节点信号的时域图如图 5-15 所示。

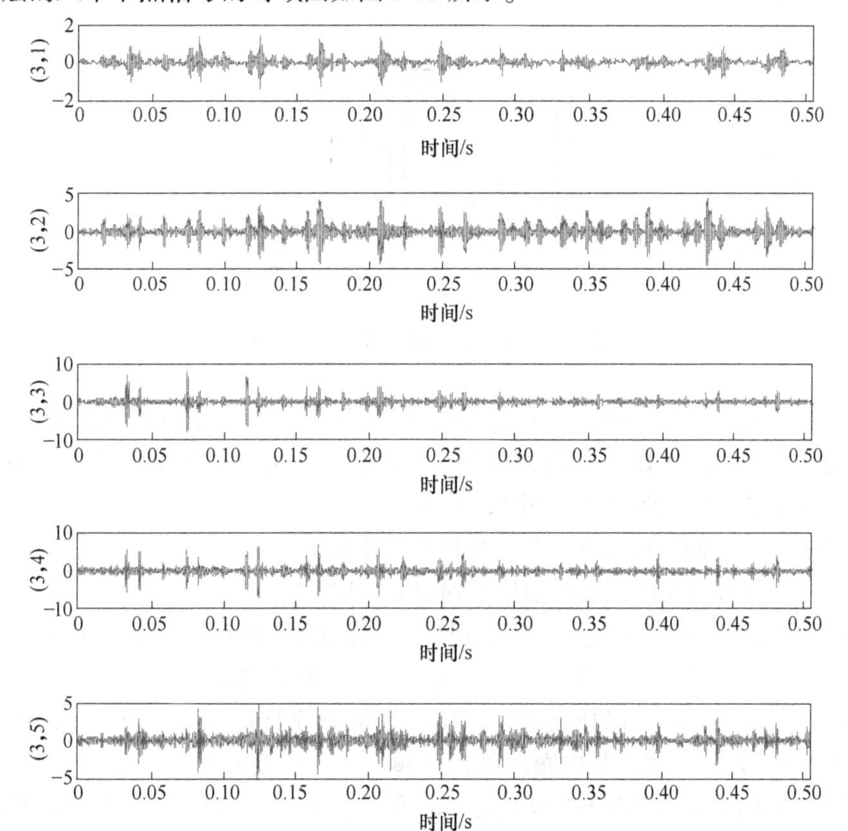

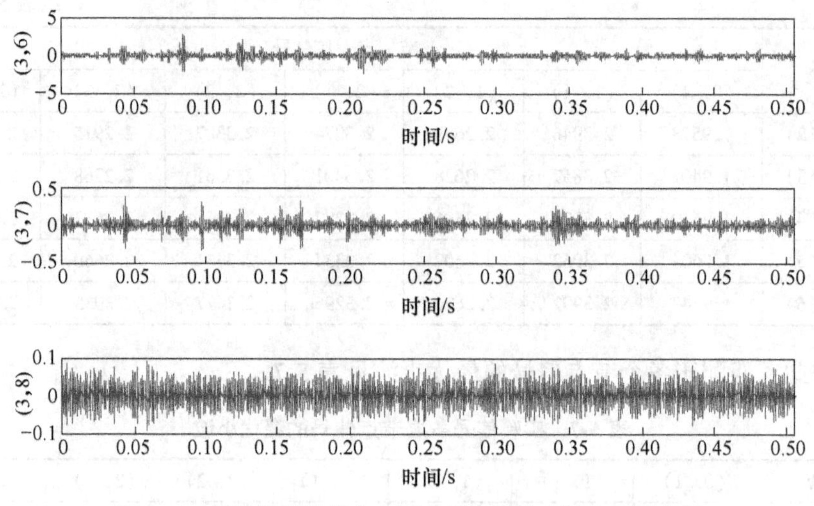

图 5-15　实验信号的拟合自适应冗余提升小波包三层分解

对图 5-15 中八个节点信号取归一化小波包能量，得到结果如图 5-16 所示。

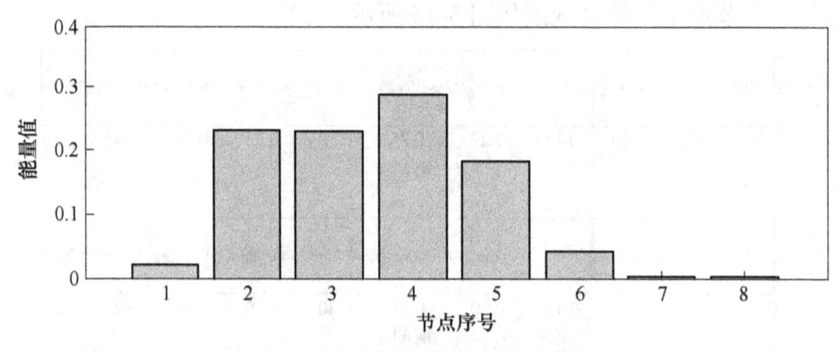

图 5-16　实验信号的小波包能量分析

从图 5-16 中可知，在八个节点信号中，第四个节点信号的能量最大；因此，取其进行单支重构及 Hilbert 解调分析。同时，取初始信号的局部频谱图和包络谱图进行对比分析，所得结果如图 5-17 所示。

根据图 5-17 的信号处理结果，可得出结论如下：

（1）从信号的局部频谱图中找不到相关的故障特征频率。

（2）从信号的包络谱图中可以找到与滚动体故障特征频率十分接近的 99. 38Hz 及其三倍频 298. 1Hz；还可找到与内圈故障特征频率比较接近的 121. 9Hz。

（3）从图中不仅可以找到 99. 38Hz 的频率成分及其二倍频 198. 8Hz 和三倍频 298. 1Hz，还可以找到与内圈故障特征频率十分接近的 123. 8Hz。相比于包络谱分析，在内圈的故障特征提取上更为准确，并可以提取出滚动体故障特征频率

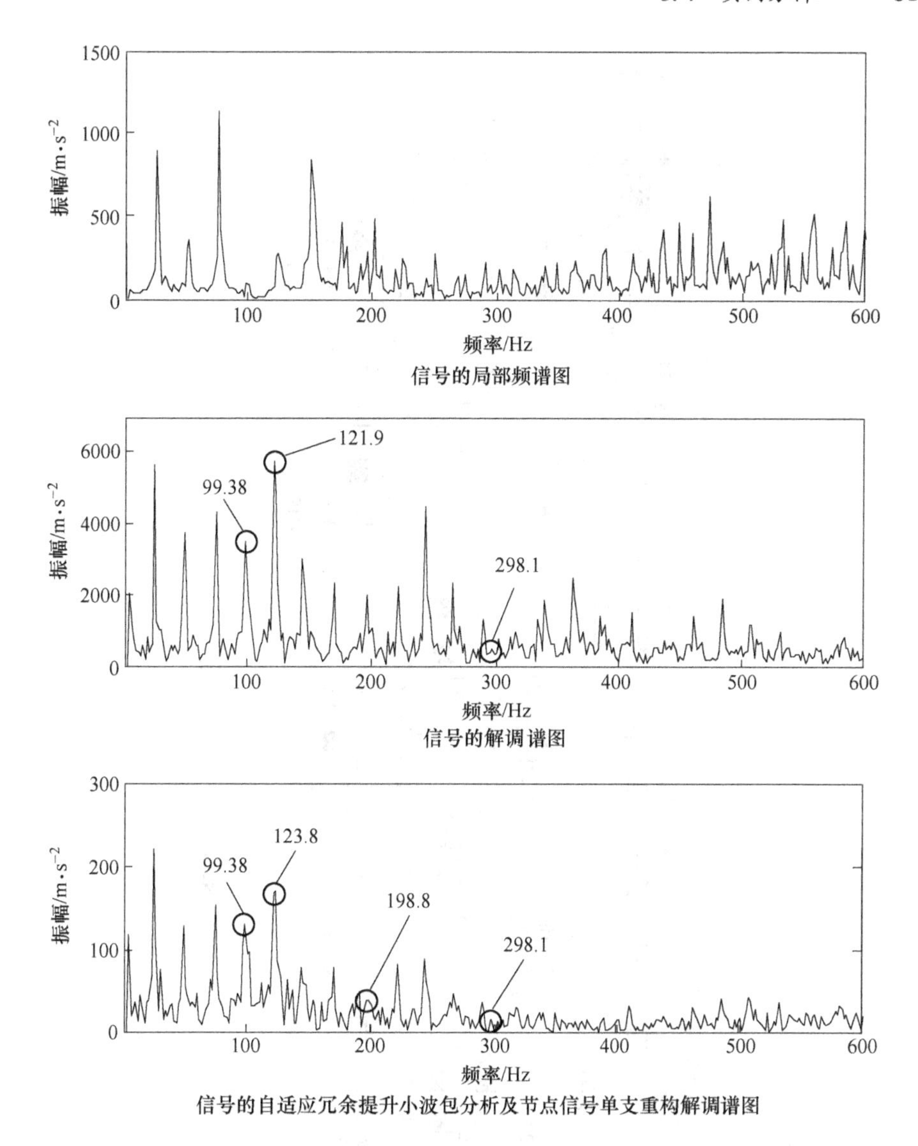

图 5-17 轴承实验台含复合故障轴承振动信号的特征提取对比分析

的二倍频。

由上述结论可知，应用第 5.3 节所述的方法，不仅可以准确地分析出实验台含复合故障轴承的特征信息，且相比信号的频谱分析和解调分析，更具有优越性。

5.4.2 工程信号分析

进一步对工程实例即某钢厂高线精轧机的轴承的振动信号进行分析。

该精轧机的传动链图如图 5-18 所示。

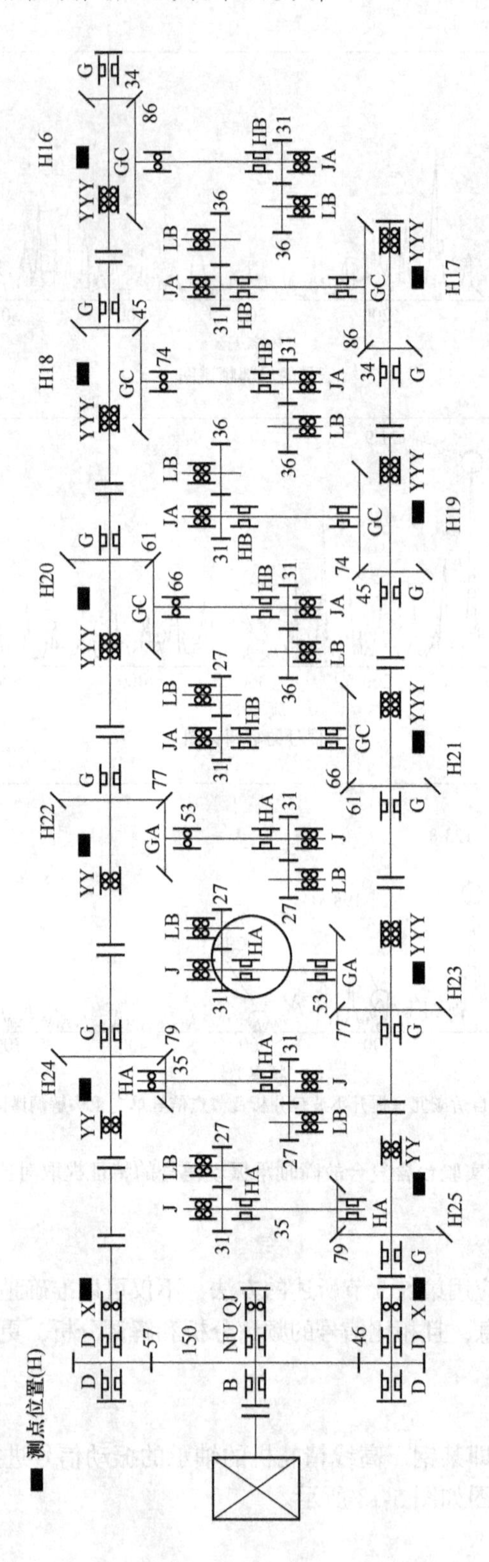

图 5-18 精轧机传动链图

在线监测系统检测到该精轧机第 23 架齿轮箱输入端的水平测点（图中圆圈标记处）的峰值从 3 月 1 日开始呈现上升趋势，最高值达到了 143.772m/s^2，说明可能有元件呈恶化发展的趋势。为实现设备微弱故障的检测，选取该测点在 2 月 20 日 13 时的振动加速度信号进行分析。相关参数如下：电机转速为 951r/min，采样频率为 10000Hz，采样点数为 2048 点。

首先，对该测点上轴承的振动信号作基本的时域分析和频域分析，结果如图 5-19 所示。

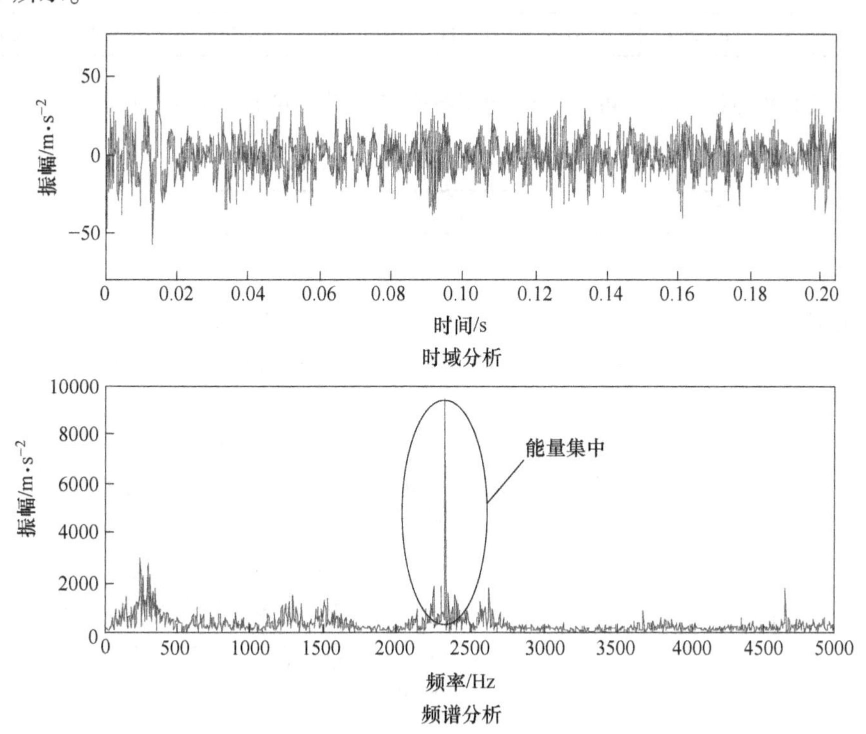

图 5-19 含复合故障轴承的工程信号分析

从图 5-19 的时域图中难以发现周期性冲击信号；而在频谱图中出现了能量集中的高频谱峰群（如图中圆圈部分所示），据此初步判断轴承可能发生了故障。

选用图 5-13 中所示的六种新小波依次对该信号进行自适应冗余提升小波包分解，得到各个节点信号的归一化 l^p 范数见表 5-8。

表 5-8 工程信号各层节点信号的归一化 l^p 范数 （×10^{29}）

算子	节点信号						
	（0，1）	（1，1）	（1，2）	（2，1）	（2，2）	（2，3）	（2，4）
小波（1）	8.7230	10.808	10.450	10.720	10.698	10.566	10.311

续表 5-8

算子	节点信号						
	(0, 1)	(1, 1)	(1, 2)	(2, 1)	(2, 2)	(2, 3)	(2, 4)
小波（2）	8.7327	10.807	10.449	10.717	10.700	10.564	10.312
小波（3）	8.7394	10.781	10.381	10.716	10.724	10.548	10.353
小波（4）	8.7265	10.810	10.426	10.734	10.704	10.546	10.343
小波（5）	8.7003	10.816	10.452	10.732	10.700	10.561	10.332
小波（6）	8.7259	10.813	10.411	10.719	10.723	10.508	10.400

由表 5-8 的计算结果可知，匹配于各个节点信号的最优小波见表 5-9。

表 5-9 工程信号各层节点信号的最优小波

节点	(0, 1)	(1, 1)	(1, 2)	(2, 1)	(2, 2)	(2, 3)	(2, 4)
最优小波	小波（5）	小波（3）	小波（3）	小波（3）	小波（1）	小波（6）	小波（1）

根据表 5-9 的结果，对各个尺度下的节点信号采用对应的最优小波进行冗余提升小波包分解，得到最底层的八个节点信号的时域图如图 5-20 所示。

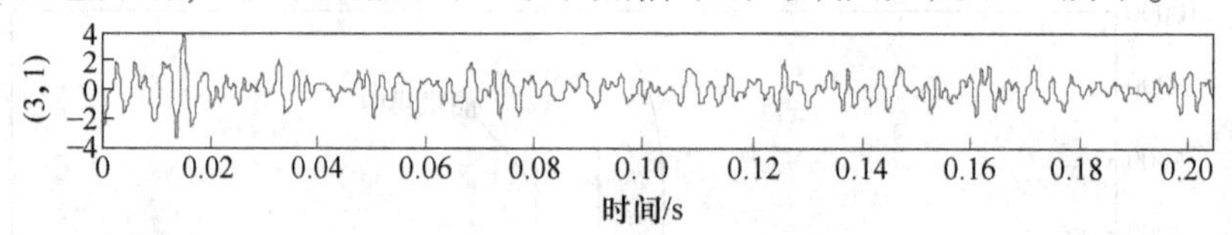

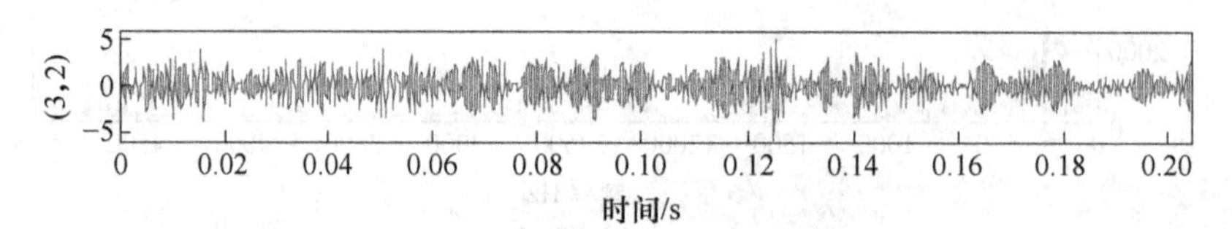

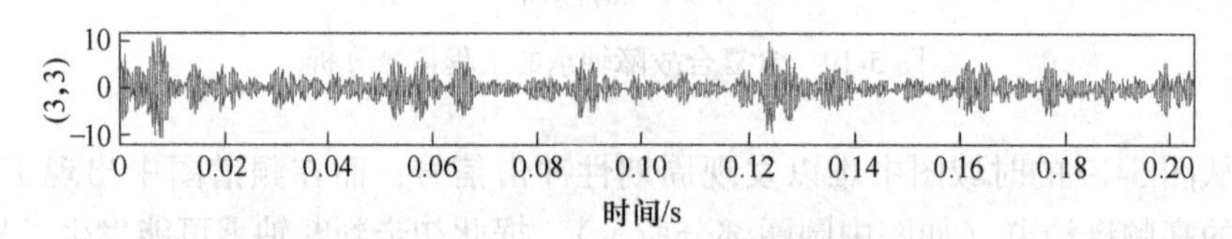

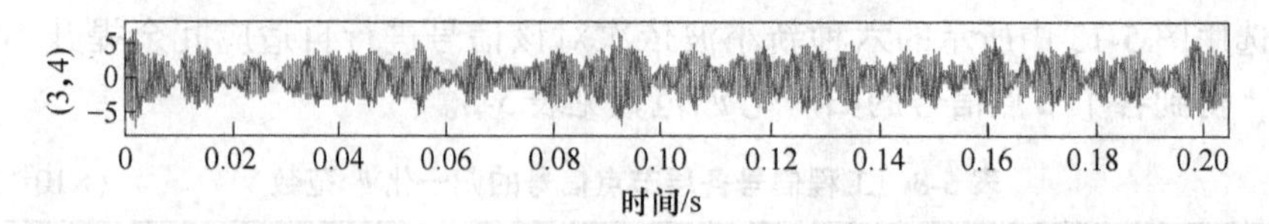

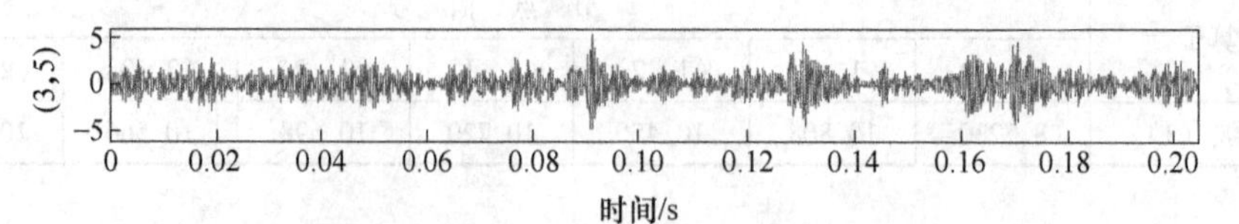

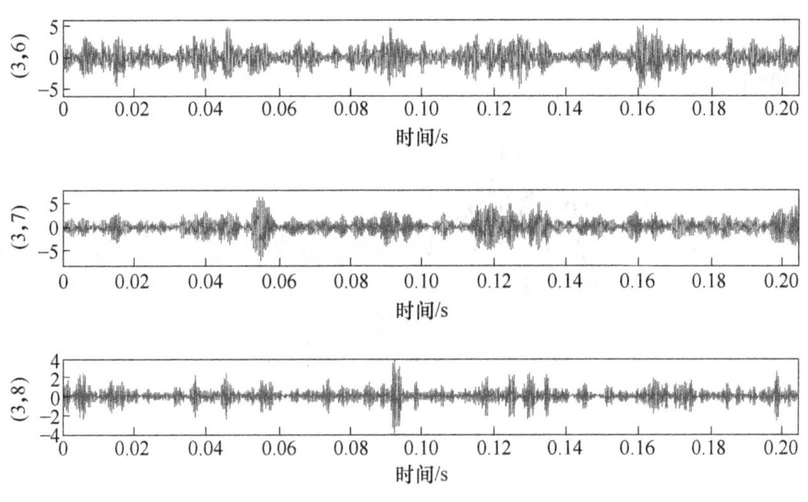

图 5-20 工程信号的小波包能量分析

对图 5-20 中第三层分解得到的八个节点信号进行小波包能量分析，结果如图 5-21 所示。

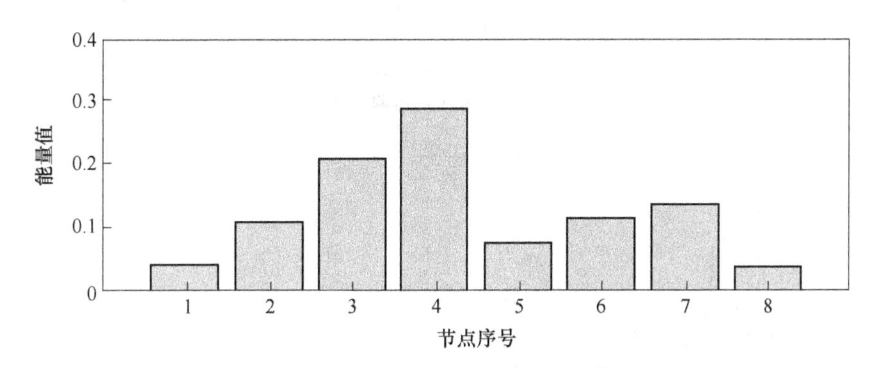

图 5-21 工程振动信号的小波包能量分析

由图 5-21 可知，第四个节点信号的能量最大，取其进行单支重构及 Hilbert 解调分析；并取初始信号的局部频谱图和包络谱图进行对比分析，结果如图 5-22 所示。

由图 5-22 的分析结果，可得出结论如下：

（1）从应用本章所述方法处理得到的包络谱图中，可以找到 341. 8Hz 的频率成分，与轴承的滚动体故障特征频率 340. 866Hz 十分接近；同时，也可找到 546. 9Hz 的频率成分，与轴承的内圈故障特征频率 545. 385Hz 十分接近。

（2）从信号的局部频谱图中找不到相关的故障特征频率。

（3）从信号的包络谱图也无法找到相关的故障特征频率。

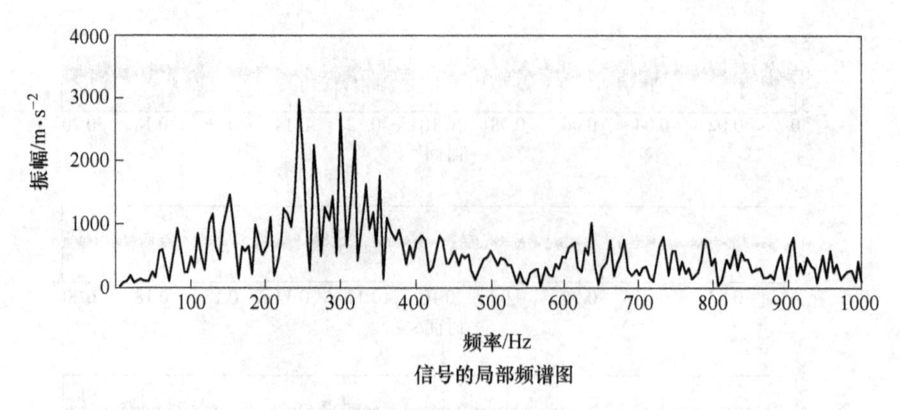

信号的局部频谱图

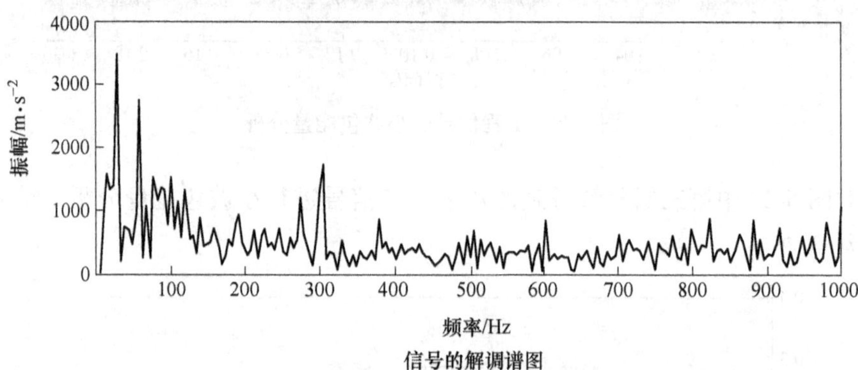

信号的解调谱图

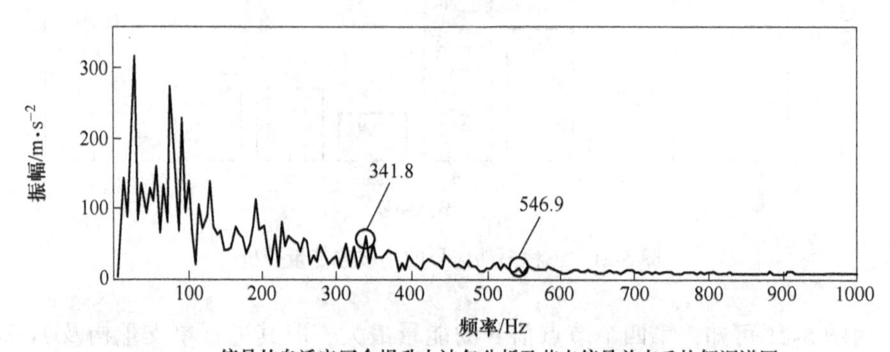

信号的自适应冗余提升小波包分析及节点信号单支重构解调谱图

图 5-22　含复合故障轴承的工程振动信号的特征提取对比分析

拆箱检修后得到轴承的损伤照片如图 5-23 所示。

从图 5-23 中可以看到，滚动轴承的滚动体与内圈发生了点蚀故障，与应用第 5.3 节所述方法提取的故障特征一致。据此可知，第 5.3 节提出的基于拟合的自适应冗余提升小波包分析方法在工程实例的分析中同样具有有效性，并且相比于频谱分析和信号的解调分析，更加具有优越性。

内圈故障

滚动体故障

图 5-23　滚动轴承损伤照片

5.5 小　结

为验证第 4 章提出的基于数据拟合最小二乘法的小波构造新方法所构造的小波在实际工程应用中的有效性，以及由这一方法构造的非对称小波与当前极为常用的基于 Lagrange 插值方法所构造的对称小波在设备故障诊断中的差异性，本章先后将两种分析方法应用于实验和工程实践中含有故障轴承的特征提取，并结合信号的频谱分析和解调分析，进行了细致的对比。

首先，提出一种基于拟合的自适应冗余提升小波变换分析方法。运用第 4 章论述的新方法构造出九种各具不同特性（特别是对称性和非对称性）的新小波，取其依次对信号进行冗余提升小波分解并建立基于各层节点信号最小归一化 l^p 范数的目标函数，以确定最匹配于各个节点信号的最优小波，实现自适应算法；提出分段功率谱分析对信号进行处理，据此选取节点信号作单支重构以及包络谱分析，最终完成对轴承微弱故障特征信息的提取。

其次，为实现对频带更精细的划分，提出基于拟合的自适应冗余提升小波包分析方法。仍然采用第 4 章论述的基于数据拟合的提升小波构造新方法，构造出六种各具不同特性的新小波，对信号逐层进行冗余提升小波包分解，在解决频率混叠、频带交错两个问题的同时，以节点信号的归一化 l^p 范数作为判别准则，对不同的待分解的节点信号分别选取最能匹配其所含特征的最优小波；进一步地对最底层的所有节点信号作小波包能量分析，选取能量最大者进行单支重构和解调分析，以期更好地提取轴承的微弱故障特征。

分析结果表明，本章提出的两种方法，不仅均能成功地诊断出实验台的轴承故障，也能较好地识别出工业现场的轴承的早期故障；且相较于频谱分析和解调分析，本章论述的两种方法更具有优越性。而在自适应冗余提升小波分析中，根据 l^p 范数准则所确定的各节点信号的最优小波的结果表明，相比目前应用极为广泛的基于 Lagrange 插值算法构造的对称小波，应用上一章提出的新方法构造的非对称小波更加适用于轴承故障信号的特征匹配。

6　基于自适应冗余提升小波降噪分析的轴承状态识别

从工业生产现场采集得到的信号中通常含有强大的背景噪声，这给微弱特征信息的提取和识别带来了很大的困难。如何能在有效去除噪声的同时又尽可能地保留真实信号的完整性，一直是广为研究的重点问题。在众多降噪处理方法当中，小波分析以其低熵性、多分辨率、去相关性和选基灵活性的特点而被广泛应用于信号降噪的研究中。本章将选用易于实现并且计算量较小的小波阈值降噪方法，利用信号和噪声在小波域的不同表现形式和变化趋势，通过对阈值的设定和进行非线性处理，达到滤除噪声的目的。在对该方法的降噪性能进行详细分析的基础之上，将其应用于经自适应冗余提升小波分解所得信号的降噪处理；之后，分别提出信号的完整重构、结合变尺度能量分析的节点信号的单支重构两种方案，以实现对淹没于强噪声中的感兴趣成分的有效提取。分别采用实验信号和工程实践信号，进行基于上述两种重构方案的自适应冗余提升小波降噪分析，以验证所述方法的有效性。

6.1　变尺度阈值降噪算法

在小波阈值降噪算法中，如何确定阈值和阈值函数是两个十分关键的问题，将直接影响信号分析的结果。对于阈值，选用融合固定形式和基于 Stein 的无偏似然估计这两种规则的启发式阈值生成规则；又鉴于宽平稳白噪声的小波变换的期望值与尺度成反比[89]，因此，考虑对不同尺度下的小波系数选用不同的阈值进行降噪。令 t 为初始阈值，则取尺度 i 下的阈值为 $t/\sqrt{i}$ 。对于阈值函数，目前常用的为硬阈值函数和软阈值函数，也有不少研究提出了折中阈值函数。为便于选择，先后采用 Blocks、Bumps、Heavysine、Doppler 这四种通用测试信号，对本书所论述的自适应冗余提升小波分析并分别结合三种阈值函数（其中折中阈值函数[59]中，常数取 1000）进行降噪性能测试；同时，选用信噪比 SNR 作为降噪性能的评估参数。

令初始信号为 X，经小波降噪后的信号为 $\widetilde{X}$，信号的样本长度为 $\widetilde{L}$，则 SNR 定义为：

$$SNR = 10\lg\left(\sum_{k=1}^{\widetilde{L}} X^2(k) \Big/ \sum_{k=1}^{\widetilde{L}} [\widetilde{X}(k) - X(k)]^2\right) \tag{6-1}$$

测试结果分别如图 6-1~图 6-4 所示。

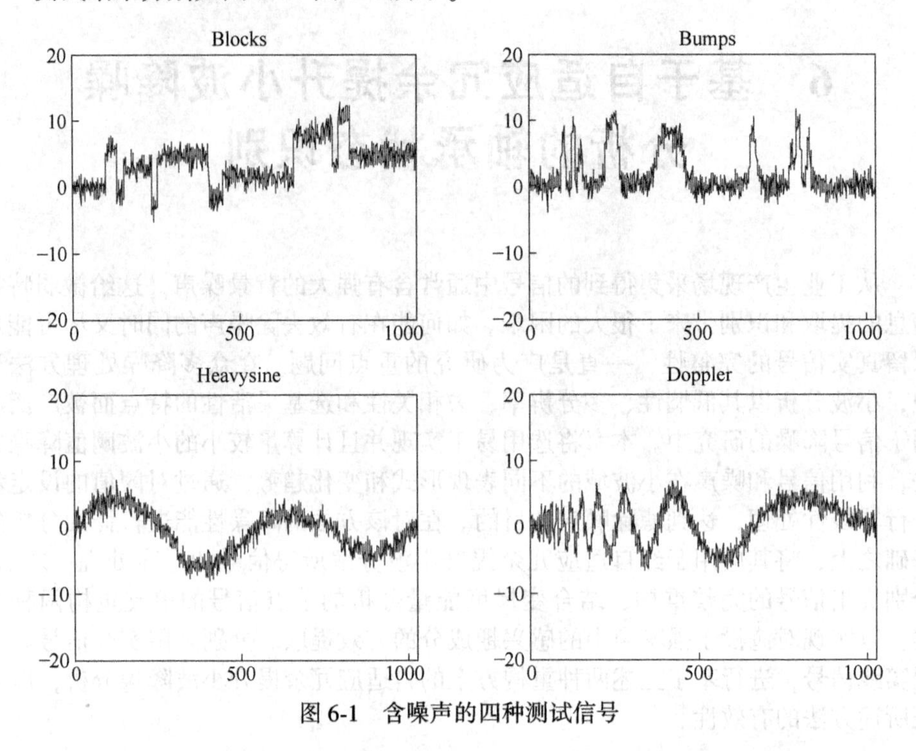

图 6-1　含噪声的四种测试信号

图 6-2　硬阈值函数降噪

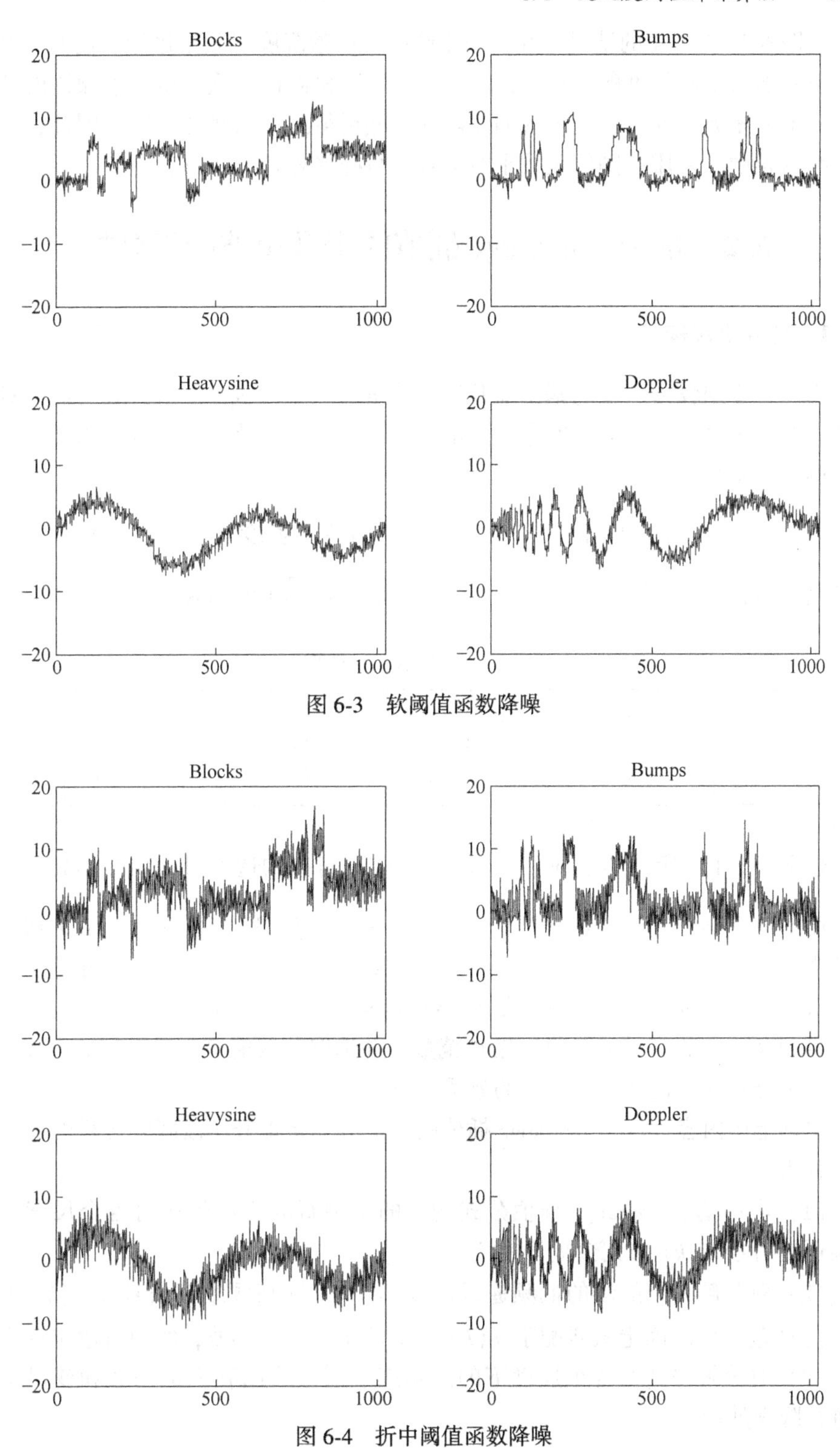

图 6-3 软阈值函数降噪

图 6-4 折中阈值函数降噪

由图 6-1~图 6-4 的结果可知，采用硬阈值函数降噪时效果最佳。进而对上述四种信号加入不同强度的白噪声，每种强度下随机测试五次，所得信噪比的结果表明，绝大多数情况下，经过硬阈值函数降噪后得到的信噪比最高。因此，在本章后续内容中，采用硬阈值函数来对信号进行降噪处理。

6.2 基于 Lagrange 插值的提升小波降噪分析

6.2.1 提升小波构造

当前，应用较为广泛的基于提升的小波是采用 Lagrange 插值公式构造的对称小波。在确定预测算子的长度之后，由式（4-19）可以计算得到基于该插值方法的预测算子系数。

因此，选取不同的预测算子长度 N 和更新算子长度 $\widetilde{N}$，对应地构造出具有不同消失矩特性的对称小波。在本节中，选取（N，$\widetilde{N}$）的组合见表 6-1。

表 6-1 （N，$\widetilde{N}$）的选取

N	2	8	8	14	14	14	20	20	20	20
$\widetilde{N}$	2	2	8	2	8	14	2	8	14	20

选取表 6-1 中所示的十种（N，$\widetilde{N}$）组合分别对应构造的十种新的小波，对各个尺度下的低频逼近信号 $a_j(k)$（$k=1，2，\cdots，\widetilde{L}$；$j=1，2，\cdots，J$）（$\widetilde{L}$ 为初始信号的样本长度；J 为提升小波分解和重构的次数）进行冗余提升小波分解。每完成一次分解后，按照式（5-1）~式（5-3）（其中 p 取为 0.1）对新得到的低频逼近信号和高频细节信号求取归一化 l^p 范数，并选取范数值最小者对应的小波作为匹配于被分解低频逼近信号特征的最优小波。

根据上述内容，基于 Lagrange 插值的自适应冗余提升小波降噪分析的具体实现过程为：

（1）应用基于 Lagrange 插值公式构造的十种新的小波依次对各个尺度下的低频逼近信号 $a_j(k)$ 做冗余提升小波变换。

（2）对分解得到的新的低频逼近信号 $a_{j+1}(k)$ 和高频细节信号 $d_{j+1}(k)$ 求取归一化 l^p 范数，以确定最匹配于 $a_j(k)$ 特征信息的最优小波，实现自适应算法。

（3）对分解得到的各个尺度下的高频细节信号采用硬阈值函数和变尺度阈值进行降噪处理。

（4）对经过降噪处理的各个高频细节信号和最底层的低频逼近信号 $a_{\widetilde{M}}(k)$ 进行完整重构。

（5）对重构后的信号作 Hilbert 解调分析，最终提取轴承早期故障的微弱特征信息。

接下来，分别选用实验信号和工程信号来进行分析。

6.2.2 实验信号分析

从轴承实验台采集含内圈、外圈、滚动体三种复合故障的轴承的振动加速度信号。由表2-1可得，内圈故障特征频率 f_{inner}、外圈故障特征频率 f_{outer} 和滚动体故障特征频率 f_{roller} 分别为 123.386Hz、76.081Hz 和 99.223Hz。

首先，对该故障振动信号进行三层冗余提升小波分解，并计算得到各个尺度下 $a_j(k)$ 的归一化 l^p 范数，结果见表 6-2。

表 6-2 实验信号各层低频逼近信号的归一化 l^p 范数 （$\times 10^{35}$）

层数	小波									
	(2, 2)	(8, 2)	(8, 8)	(14, 2)	(14, 8)	(14, 14)	(20, 2)	(20, 8)	(20, 14)	(20, 20)
1	2.0662	2.1113	2.1040	2.1153	2.1089	2.1079	2.1152	2.1094	2.1078	2.1053
2	2.0563	2.0724	2.0671	2.0759	2.0690	2.0752	2.0796	2.0722	2.0774	2.0806
3	2.0684	2.0862	2.1093	2.0823	2.1073	2.1136	2.0795	2.1080	2.1118	2.1187

根据表 6-2 的结果，可分别得到各层低频逼近信号的最优小波所对应的预测算子和更新算子，见表 6-3。

表 6-3 实验信号各层低频逼近信号的最优小波

分解层数	1	2	3
$(N, \widetilde{N})$	(2, 2)	(2, 2)	(2, 2)

对信号作时域分析和频谱分析，并对经最优小波得到的分解结果作降噪处理和包络谱分析，结果如图 6-5 所示。

从图 6-5 的时域图中可以发现较明显的冲击信号；从图 6-5 的频谱图中无法发现与三种故障特征频率相关的频率成分。而从图 6-5 的包络谱图中可以发现 f_{inner} 的基频 125.6Hz、f_{outer} 的基频 76.88Hz 及其二倍频 153.8Hz，以及 f_{roller} 的基频 99.38Hz 和其二倍频 198.8Hz 和三倍频 298.1Hz，正好与三类复合故障对应，验证了所述分析方法的有效性。

6.2.3 工程信号分析

进一步采用某钢厂减定径增速箱测点的实际工程振动信号进行分析。

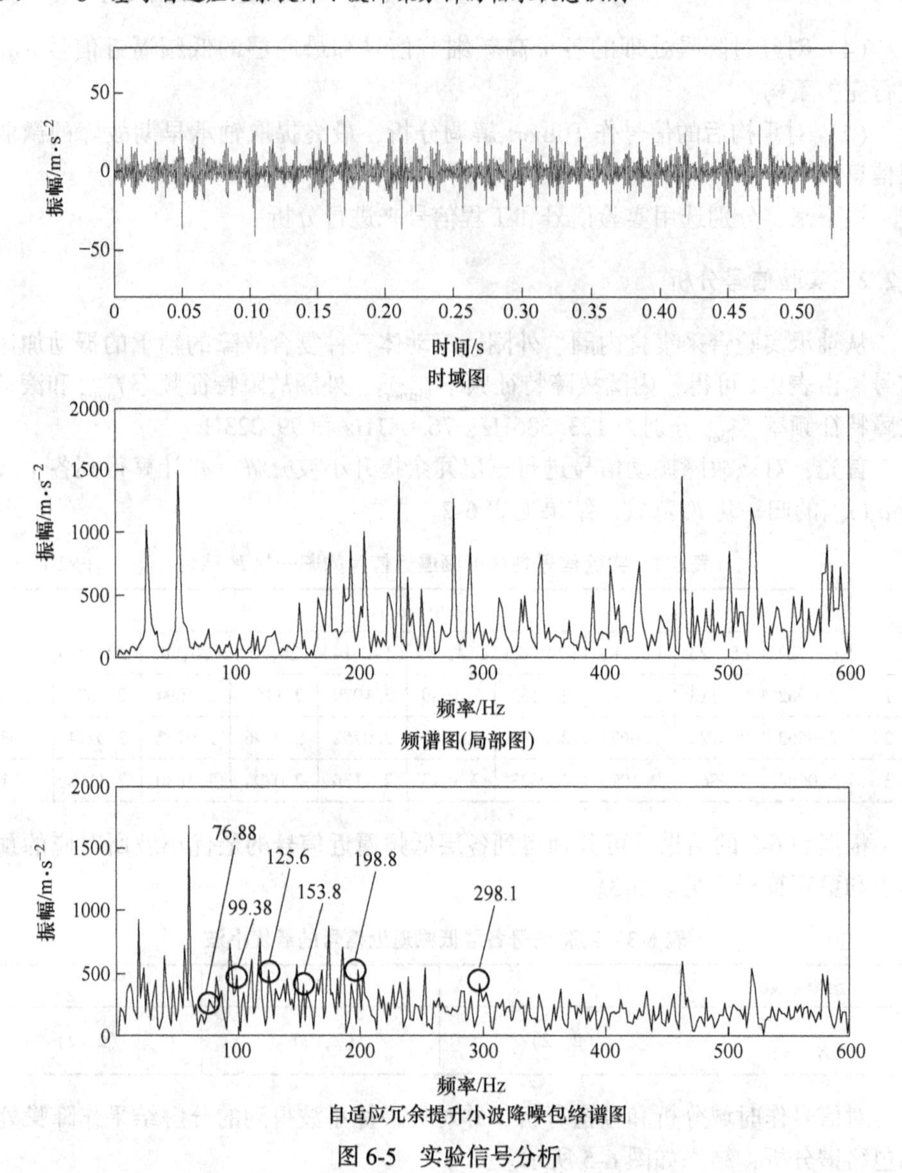

图 6-5 实验信号分析

图 6-6 所示为该减定径增速箱上层的局部传动链图。在线监测系统检测到：S3-5 测点（图中圆圈标记处）的峰值趋势在 10 月 9 日相比于前几日突然增大，因此，选取该测点在当日 17 时的垂直径向的振动加速度信号进行分析。相关的参数为：时测 S5 轴的转频为 13. 193Hz，在线监测系统设置的采样点数为 2048 点，采样频率为 5000Hz。

对上述振动信号作三层冗余提升小波分解，计算得到各尺度下 $a_j(k)$ 的归一化 l^p 范数见表 6-4。

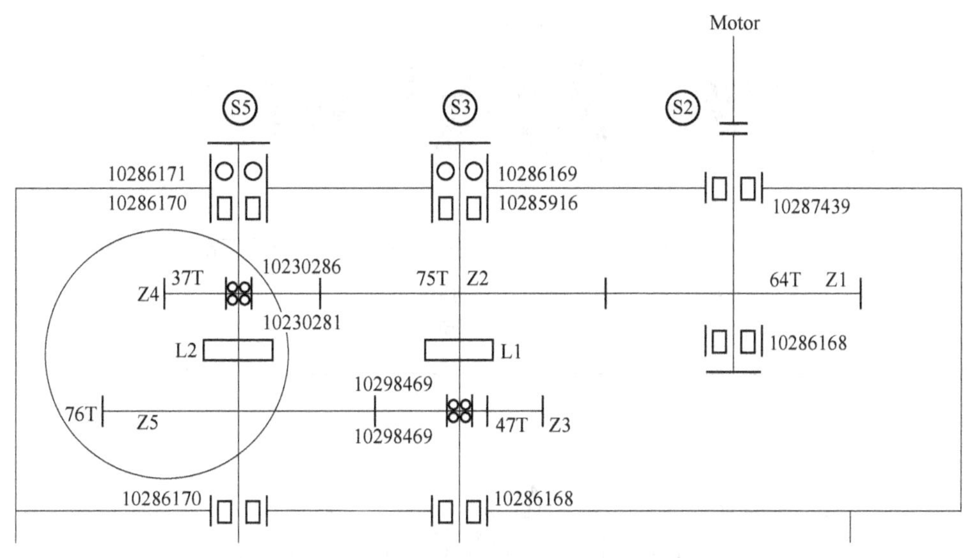

图 6-6 减定径增速箱传动链图（局部图）

表 6-4 工程信号各层低频逼近信号的归一化 l^p 范数 （×10^{29}）

层数	小波									
	(2, 2)	(8, 2)	(8, 8)	(14, 2)	(14, 8)	(14, 14)	(20, 2)	(20, 8)	(20, 14)	(20, 20)
1	9.0973	9.0528	9.0491	9.0600	9.0608	9.0441	9.0494	9.0552	9.0450	9.0452
2	9.3980	9.4122	9.2427	9.4546	9.2840	9.2042	9.4674	9.2935	9.1925	9.2183
3	8.7372	8.7684	8.7686	8.8269	8.8487	8.8911	8.8188	8.8571	8.8903	8.8963

根据表 6-4 的计算结果，可分别得到匹配于各层低频逼近信号的最优小波所对应的预测算子和更新算子，见表 6-5。

表 6-5 工程信号各层低频逼近信号的最优小波

分解层数	1	2	3
$(N, \tilde{N})$	(14, 14)	(20, 14)	(2, 2)

对这一信号作时域分析和频谱分析，并对经最优小波得到的分解结果继续做降噪处理和包络谱分析，所得结果如图 6-7 所示。

从图 6-7 的时域图中难以找到较明显的冲击信号。从图 6-7 的频谱图中只能找到 S5 轴转频的二倍频 26.86Hz。而从图 6-7 的包络谱图中可以发现十分接近于 S5 轴转频基频并且幅值非常突出的 12.21Hz 的频率成分；同时，还可以提取出其二倍频 26.86Hz、三倍频 39.06Hz 以及五倍频 65.92Hz，并且其幅值均较为明

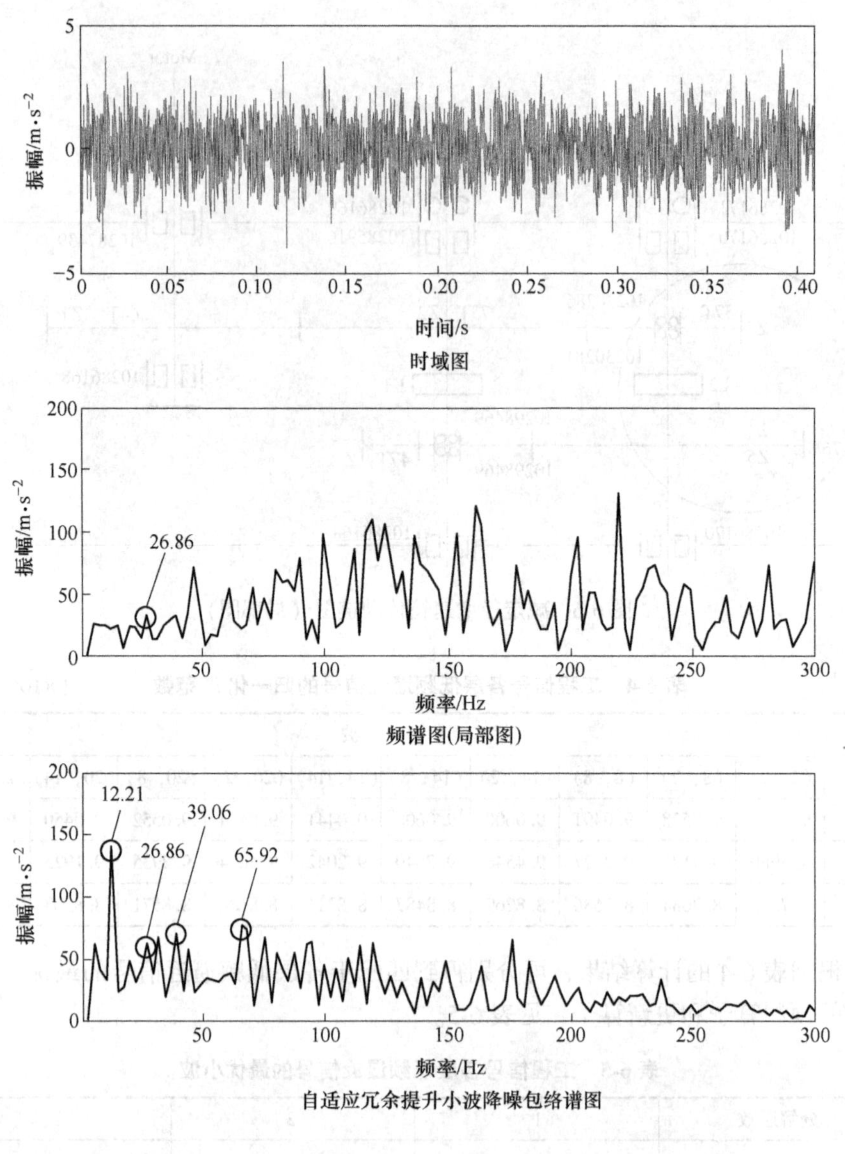

图 6-7 工程信号分析

显。根据所提取的频率成分，结合该测点的振动峰值突然增大的情形，初步判断转子发生了突发性不平衡故障[90]。而这一故障是由于转子上有回转部件发生断裂脱落或者有异物附着、卡塞所造成，因此，推测该轴上有轴承或齿轮出现故障。

10 月 16 日，在白班轧钢时，减定径增速箱 2 号离合器处有响声，但不明显；减定径电机转速产生波动；中班改换轧制其他规格钢时，开车后出现堆钢，并有离合器空转，检查发现电机转速已有较大波动，停机再启动后即发生事故。10月17日拆箱检修发现：S5轴上单列圆锥滚子轴承内圈以及保持架碎裂，滚动体磨损严重，轴承与齿轮37、齿轮76接合处出现严重磨损。三者相对位置如图6-6中圆圈标出所示。现场元件图片见图6-8。

内圈、保持架和滚动体

齿轮(76)

齿轮(37)

图6-8 单列圆锥滚子轴承元件损伤图

通过分析结果，验证了所述方法在工程信号应用中的有效性及其相比于频谱分析的优越性。

6.3 变尺度小波能量分析

当轴承出现损伤性故障时，损伤点与滚动体碰撞所产生的冲击以及共振现象，将使其振动信号的频谱中出现能量比较密集且同时富含故障特征信息的高频谱峰群。若将该谱峰群单独提取出来，将有助于信噪比的提高。小波分解是一个滤波过程，经过逐层分解所得到不同尺度下的低频逼近信号 a_j 和高频细节信号 d_j 分别对应于不同的频率范围。若选取谱峰群所在频段对应的 a_j 或 d_j 进行单支重构，则可实现对谱峰群的单独提取。但各个 a_j 和 d_j 对应的频率范围大小不同，结合 Mallat 算法对各个 a_j 、d_j 频率范围的划分规律，本节提出一种变尺度小波能量分析方法，用以确定进行单支重构的 a_j 或 d_j 。

具体的计算公式为

$$P(a_j) = \sum_{k=1}^{\tilde{L}} |a_j(k)|^2 / 2^{J-j} \tag{6-2}$$

$$P(d_j) = \sum_{k=1}^{\tilde{L}} |d_j(k)|^2 / 2^{J-j} \tag{6-3}$$

式中 $\tilde{L}$——初始信号、a_j 、d_j 的样本长度；

J——小波分解的层数；

$a_j(k)$ —— a_j 中的第 k 个数据；

$d_j(k)$ —— d_j 中的第 k 个数据。

由于首先对 $d_j(j=1, 2, \cdots, J)$ 进行阈值降噪处理，因此，考虑对 a_J 和 d_j $(j=1, 2, \cdots, J)$ 进行变尺度小波能量分析，并选取能量最大者做单支重构以及进一步的 Hilbert 解调和包络谱分析。

6.4　基于数据拟合的提升小波降噪分析

6.4.1　提升小波构造

在第 4 章中，详细地论述了一种基于数据拟合最小二乘法的提升小波构造的新方法。本节提出一种基于数据拟合的自适应冗余提升小波降噪分析方法，应用由第 4 章推导得到的计算公式构造得到多种新小波，结合小波阈值降噪算法以及上节提出的变尺度小波能量分析，提取含故障轴承振动信号中的微弱特征信息。

由式（4-11）可知，小波的特性取决于所选的基函数 $\{\phi_k(x)\}$、样本点数 M 和基函数的维数 N。因此，对上述三个参数进行不同的选择，一共构造得到八种各具不同特性的新的小波。参数的选取情况如下：

（1）基函数：$\phi_i(x)=a^{b\cdot(i+1)\cdot x}$，$i=0, 1, \cdots, N$，$a$ 和 b 为可变参数。此处，令 a 的取值分别为 0.3、0.5；令 b 的取值分别为 0.1、0.2。

（2）M 和 N：令两者的组合 (M, N) 的取值分别为 (4，3) 和 (8，7)。

所构造的八种新的小波如图 6-9 所示。

从图 6-9 中可以看出，八种新小波各具有不同的消失矩、光滑性和震荡性，可分别用以匹配信号中的不同特征。取这八种小波依次对各个尺度下的低频逼近信号 $a_j(k)(k=1, 2, \cdots, \widetilde{L}; j=1, 2, \cdots, J)$（$\widetilde{L}$ 为信号的样本长度；J 为提升小波分解和重构的层数）进行冗余提升小波分解。每完成一次分解后，按照式 (5-1)~式 (5-3)（其中 p 取为 0.1）对新得到的低频逼近信号和高频细节信号求取归一化 l^p 范数，并选取范数值最小者所对应的小波作为匹配于被分解低频逼近信号特征的最优小波。

综合上节和本节所述的内容，基于数据拟合的自适应冗余提升小波降噪分析的具体实现过程为：

（1）应用基于数据拟合方法构造出八种新的小波，取其依次对各个尺度下的低频逼近信号 $a_j(k)$ 进行冗余提升小波变换。

（2）对分解得到的新的低频逼近信号 $a_{j+1}(k)$ 和高频细节信号 $d_{j+1}(k)$ 求取归一化 l^p 范数，以确定最匹配于 $a_j(k)$ 特征信息的最优小波，实现自适应算法。

（3）选定硬阈值函数和变尺度阈值方案，对分解得到的各尺度下的高频细节信号 $d_j(k)$ 进行降噪处理。

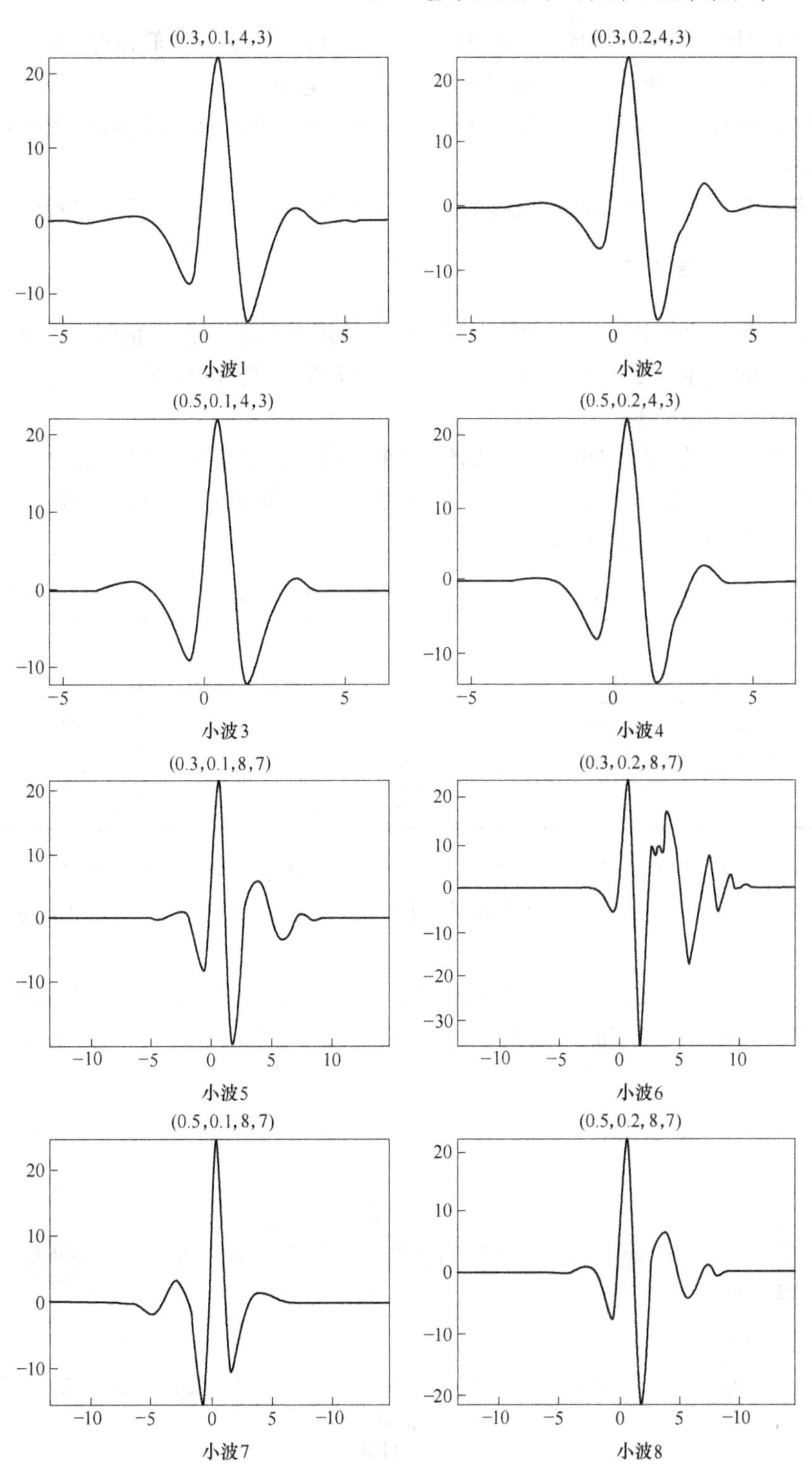

图 6-9 基于数据拟合构造的八种小波

（4）对经降噪处理的各个高频细节信号 $d_j(k)$ 和最底层的低频逼近信号 $a_{\widetilde{M}}(k)$ 进行变尺度小波能量分析，取能量最大者做单支重构。

（5）对经单支重构后的信号进行 Hilbert 解调分析，最终提取轴承早期故障的微弱特征信息。

接下来，分别选用轴承振动信号的实验数据和工程数据进行方法验证。

6.4.2 实验信号分析

从轴承实验台采集含有内圈和外圈复合故障的轴承的振动信号。由表 2-1 可得，轴承的内圈故障特征频率 f_{inner} 和外圈故障特征频率 f_{outer} 分别为 123.386Hz、76.081Hz。

从图 6-10 的时域图可看到周期性的冲击成分。取小波分解层数为三，选用图 6-9 中基于数据拟合方法构造的八种新小波 1~8 依次对信号进行分解，并得到各层分解结果的归一化 l^p 范数，见表 6-6。

表 6-6 八种小波在各层分解结果的归一化 l^p 范数 （$\times10^{35}$）

层数	小波							
	1	2	3	4	5	6	7	8
1	2.0955	2.1004	2.0898	2.0972	2.1092	2.1081	2.1011	2.1089
2	2.1249	2.1276	2.1317	2.1255	2.1231	2.1141	2.1324	2.1167
3	2.1933	2.1921	2.1973	2.1873	2.1968	2.1519	2.1906	2.1869

由表 6-6 可知，各层最小的 l^p 范数分别为 2.0898×10^{35}、2.1141×10^{35}、2.1519×10^{35}；因此，与 a_0（即初始信号）、a_1 和 a_2 特征最匹配的最优小波分别为 3、6 和 6。

进而对逐层经最优小波分解所得到的 d_1、d_2 和 d_3 进行变尺度阈值降噪处理，并对降噪后的 d_1、d_2 和 d_3 以及 a_3 进行变尺度小波能量分析，其结果如图 6-10 所示。

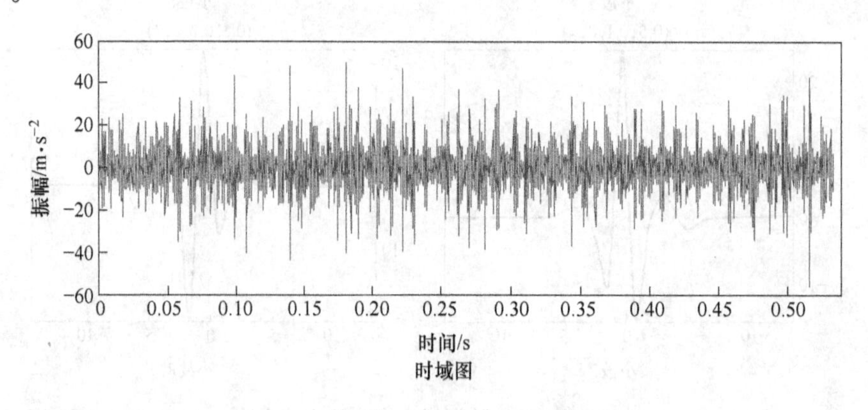

时域图

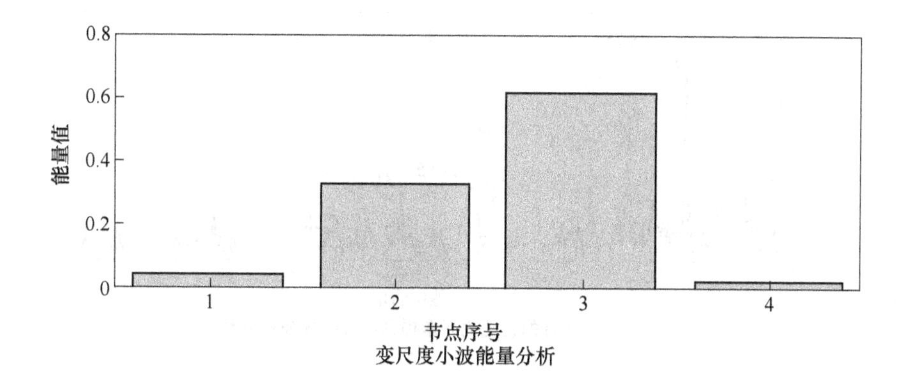

图 6-10　实验信号分析

图 6-10 的变尺度小波能量分析图中，1、2、3 和 4 分别表示计算得到的 d_1、d_2 和 d_3 以及 a_3 的变尺度能量。从图中可以清晰地看到，d_3 的能量最大。因此，取 d_3 做单支重构和解调分析。同时，选取初始信号的局部频谱图和解调谱图来进行对比，结果如图 6-11 所示。

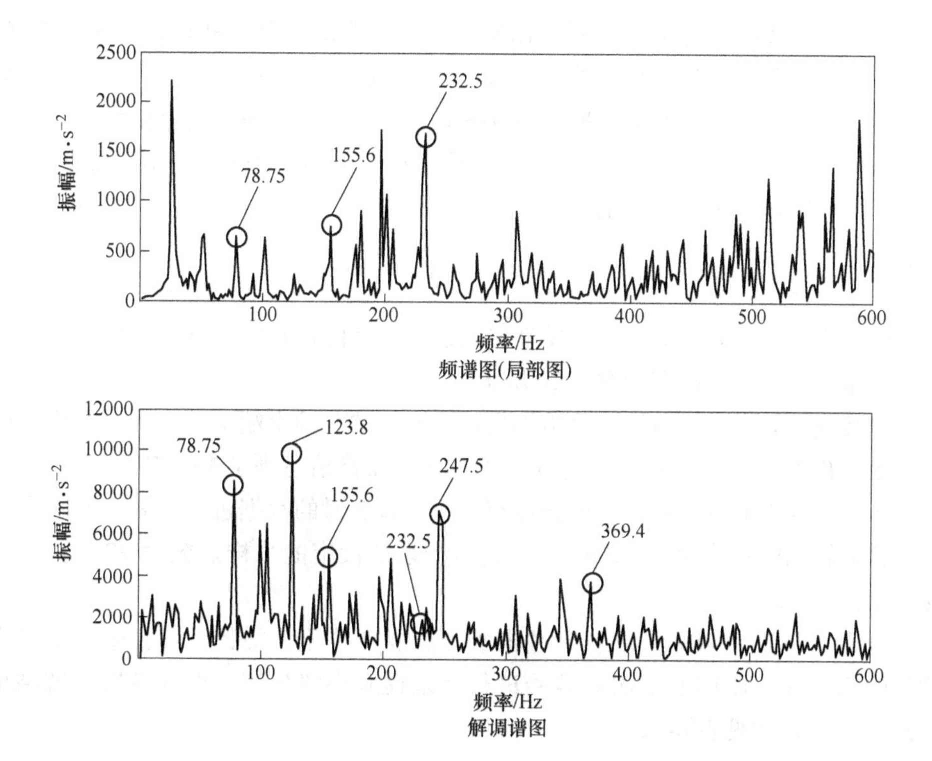

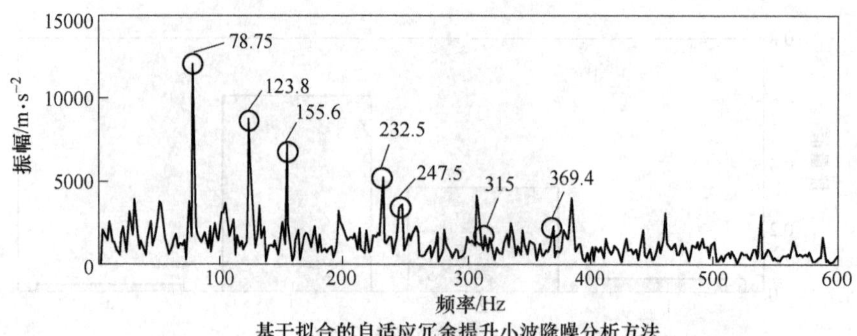

基于拟合的自适应冗余提升小波降噪分析方法

图 6-11　实验信号谱图对比分析

从图 6-11 的频谱图中可以发现 78. 75Hz、155. 6Hz 和 232. 5Hz 的频率成分，与 f_{outer} 及其倍频十分接近。但从图中无法找到 f_{inner} 及其倍频，因此，无法准确判断出轴承是否发生复合故障。从图 6-11 的解调谱图中可找到 78. 75Hz、155. 6Hz 和 232. 5Hz 的频率成分，据此可判断出轴承外圈故障；另外，还可发现 123. 8Hz 及其二倍频 247. 5Hz 和三倍频 369. 4Hz，为 f_{inner} 及其倍频，从而判断出轴承发生内圈故障。综上，可判断出轴承外圈和内圈的复合故障。从图 6-11 的自适应冗余提升小波降噪谱图中，不仅可以发现图 6-11 的解调谱图中的六个频率成分，还可发现 78. 75Hz 的四倍频 315Hz。由此可以成功判断出轴承的复合故障。同时，相比于图 6-11 的解调谱图，通过本章论述方法所提取出的频率成分更加清晰和丰富，更易于识别。

6. 4. 3　工程信号分析

进一步采用该方法对某钢厂精轧机增速箱轴承的振动信号进行分析。

该精轧机的传动链图如图 6-12 所示。

该高线精轧机在线监测系统检测到：增速箱的北输出端水平测点（图中圆圈标记处）的峰值从 1 月 21 日开始呈上升趋势，最高值达到了 150. 531m/s^2。为提取轴承的早期微弱故障特征，取该测点 1 月 5 日 3 时的数据进行分析。相关参数为：其时转轴的转速为 951r/min，在线监测系统设定的采样点数为 2048 点，采样频率为 10000Hz。

从图 6-13 的时域图可以看到冲击成分。取小波分解层数为三，采用本节中构造的八种新小波 1~8 依次对信号进行冗余提升小波分解，得到各层分解结果的归一化 l^p 范数见表 6-7。

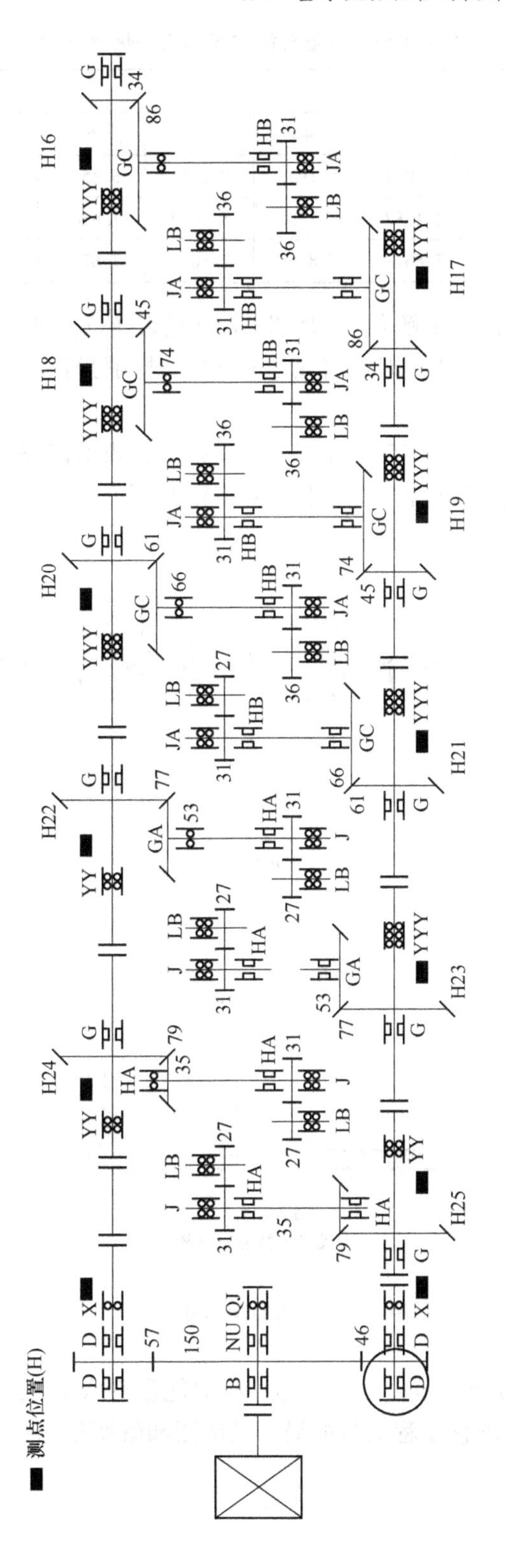

图 6-12 精轧机传动链图

表 6-7 八种小波在各层分解结果的归一化 l^p 范数 （×10^29）

层数	小波							
	1	2	3	4	5	6	7	8
1	8. 2005	8. 2180	8. 2027	8. 1957	8. 2151	8. 3517	8. 2164	8. 2083
2	8. 1078	8. 0877	8. 1182	8. 1298	8. 1073	7. 8362	8. 1024	8. 1060
3	7. 8611	7. 8009	7. 8671	7. 8559	7. 8064	7. 6789	7. 8371	7. 7706

由表 6-7 可知，各层分解结果 l^p 范数的最小值分别为 8.1957×10^{29}、7.8362×10^{29} 和 7.6789×10^{29}，因而与 a_0、a_1 和 a_2 特征最匹配的最优小波分别为 4、6 和 6。

接下来，对 d_1、d_2 和 d_3 作变尺度阈值降噪处理；再对降噪后的 d_1、d_2 和 d_3 以及 a_3 作变尺度小波能量分析，其结果如图 6-13 所示。

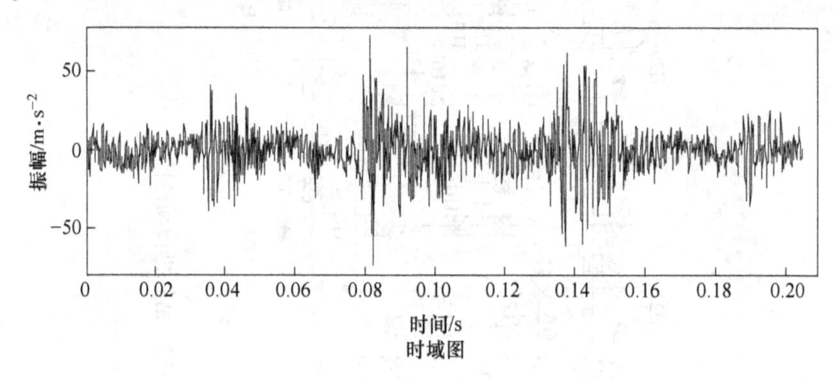

时域图

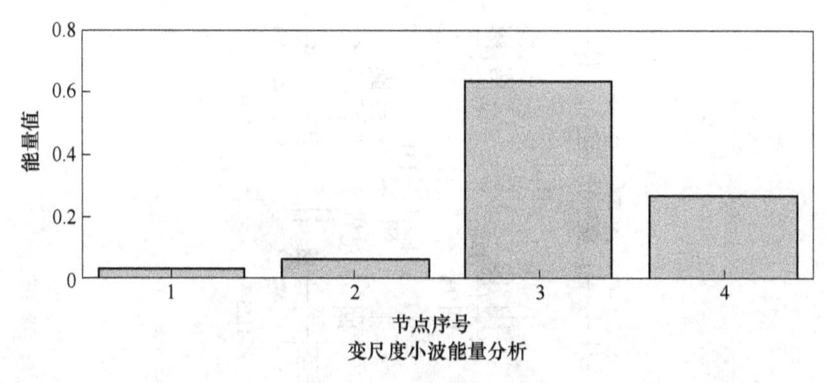

变尺度小波能量分析

图 6-13 工程信号分析

由图 6-13 的变尺度小波能量分析可知，应取能量最大的 d_3 作单支重构和解调分析。同实验信号，取该工程信号的局部频谱图和解调谱图做对比，得到结果如图 6-14 所示。

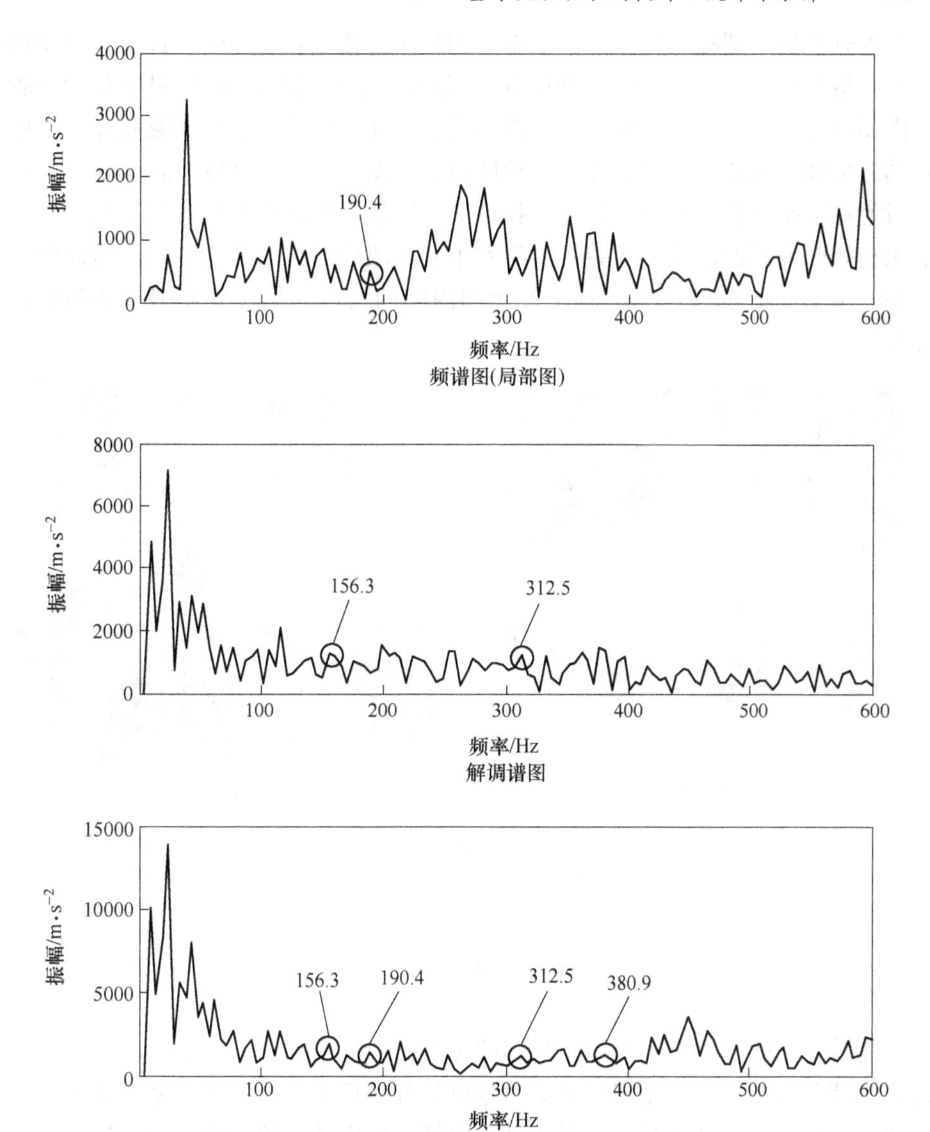

图 6-14　工程信号谱图对比分析

对图 6-14 的结果进行分析说明如下：

（1）从图 6-14 的频谱图中只能找到 190.4Hz 的频率成分。

（2）从图 6-14 的解调谱图中可发现 156.3Hz 及其二倍频 312.5Hz。

（3）从图 6-14 的分析图中可以找到 156.3Hz 及其二倍频 312.5Hz；同时，还可找到 190.4Hz 及其二倍频 380.9Hz。

（4）上述频率成分中，156.3Hz 与时测转速 951r/min 下计算得到的增速箱北Ⅰ轴轴承的外圈故障特征频率156.915Hz十分接近；而190.4Hz与该轴承的内圈故障特征频率191.785Hz十分接近。因此，从信号的频谱图中只能找到该轴承的内圈故障特征频率；从信号的解调谱图中只能找到该轴承的外圈故障特征频率及其二倍频；而从应用本章方法分析所得到的图中，不仅可以找到该轴承的外圈故障特征频率及其二倍频，也可以找到其内圈故障特征频率及其二倍频，与之后拆箱检修时发现的该轴承外圈和内圈发生复合故障的结果完全一致。检修时轴承损伤的情形如图6-15所示，其中外圈和内圈的具体损伤位置如图中箭头标识部分所示。

外圈点蚀

内圈点蚀

图6-15 轴承损伤照片

6.5 小 结

为从背景噪声中有效提取出微弱故障特征，本章提出一种变尺度自适应冗余提升小波分析方法。采用四种测试信号进行降噪性能测试，得到基于信噪比评估参数下的信号降噪处理结果，据此确定后续分析中选用硬阈值函数。根据噪声在小波域的系数的变化趋势，提出变尺度阈值选取方法。首先，对降噪之后的信号进行完整重构，准确地识别出实验信号中内圈、外圈和滚动体的复合故障，以及工程信号中的轴频特征信息。其次，为了实现对富含故障特征信息的高频谱峰群的单独提取，从而更好地检测出轴承的微弱故障特征，在上述方法的基础之上，提出一种变尺度能量分析方法，用以确定谱峰群所对应的节点信号作单支重构。取实验信号和工程信号分析，均成功诊断出轴承的内圈和外圈复合故障；同时取频谱分析和解调分析进行对比，验证了本章所述方法的有效性及优越性。

7 总结与展望

为有效检测和识别出轴承的运行状态，本书以振动分析为基础，围绕基于提升小波变换的轴承微弱故障特征提取方法以及基于提升算法的新的小波构造算法进行了系统阐述，得到主要结论如下：

（1）对信号进行多层小波或小波包分解时，各个尺度下节点信号对应的频率范围不同，因而所含的特征信息也并不相同。若对所有待分解的节点信号都选用相同的小波来进行分析，将难以有效地将各种不同的特征都提取出来。受启发于基于提升算法的小波构造不再依赖于傅里叶变换的这一显著特点，书中提出了对不同的节点信号选用不同小波来进行分解的思路，即根据各个节点信号所含的特征，从多种备选的小波中自适应地选取最匹配于该特征的小波，以最大限度地将信号中所有感兴趣的不同特征信息提取出来。针对如何确定匹配于特征的最优小波的问题，从小波变换内积运算中所体现出的相关性出发，结合小波分析的低熵特性，采用分解结果的 l^p 范数来定量地衡量小波与特征之间的相似性，并将最小归一化 l^p 范数作为最优小波的判别准则。

（2）书中详细描述了所提出的自适应冗余提升小波包分析方法。针对小波包算法中存在的频率混叠、频带交错这两个问题，分别探究了其产生的原因并提出了相应的解决方案：采用冗余算法和单支重构方法来解决由于剖分降采样过程所引起的频率混叠问题；采用将频带范围外频率成分置为零的方法来解决由于滤波器的非理想截止特性所造成的频率混叠。针对频带交错的问题，提出对高频节点信号分解得到的两个新的节点信号进行互换的方法，结合仿真分析，验证了该方法达成的预期效果。给出了自适应冗余提升小波包分析方法正变换和单支重构逆变换的总体框架。

（3）为了根据信号特点来灵活简便地构造小波，结合提升算法的特点以及插值细分过程中的新样本点预测，引入了函数逼近的概念，提出一种新的基于数据拟合的最小二乘法的小波构造新方法。在该方法中，小波的构造取决于三个关键参数：基函数 $\{\varphi_k(x)\}$ 、基函数的维数 N 、样本点数 M 。对三者进行不同的取值和组合，进一步深入探讨了各个参数的变化对所构造的新小波在时域特性和频域特性上的影响。其中，时域特性的研究结论为：1）选取的基函数不同，构造出的小波波形存在非常明显的不同；2）当 N 不变时，随着 M 的增加，所构造小波的震荡性和支撑长度均将增加；3）当 M 不变时，随着 N 的增加，所构造小波的光滑性将不断增加。频域特性的分析结果为：1）所构造的小波在频域是一个带有“旁瓣”的带通滤波器；2）虽然选取的基函数不同，但所构造小波的频域图形十分接近，没有太大差异；3）当 N 不变时，随着 M 的增加，所构造小波的“主瓣”带宽将随之增加，其“旁瓣”的数量和带宽也随之增加；4）当 M 不变，N 逐渐增加时，与3）相反，所构造的小波的“主瓣”带宽将随之减小，而其“旁瓣”的数量和带宽也随之减小；5）若 M 和 N 的取值越接近，则所构造小波的“主瓣”的带通滤波特性将越好；6）随着 M 和 N 的增加，小波在频域的带通滤波器的“主瓣”的带宽逐渐增加，而其“旁瓣”的带宽虽然也逐渐增加，但幅值却越来越小，以致渐趋消失。在对基函数进行选取时，根据所得结果还得到如下结论：

1）对于 M 和 N，除要求 $N < M$ 以外，两者之间无任何联系，可以任意取值并组合从而构造出不同的小波。当所选的基函数为代数式时，生成的拟合多项式的次数 n 与样本点数 M 之间也无任何联系，但满足 $n = N = M - 1$ 时，得到的结果与应用 Lagrange 插值算法所得的结果完全相同。

2）通过选取不同的基函数，既可构造出对称小波，也可构造出非对称小波。

(4) 结合自适应冗余提升小波分析，采用基于数据拟合的方法构造出了多种具有不同特性的新的小波来对轴承的故障振动信号进行处理。根据轴承损伤故障机理，提出利用小波分解的“滤波”特性，对节点信号进行单支重构来更好地提取故障特征。针对如何选取用于重构的节点信号的问题，考虑到小波分析时，各个尺度的节点信号所对应的频率范围大小不同，而经过冗余分解后各节点信号的长度始终与初始信号的长度相同，提出了对初始信号进行分段功率谱估计的方法来确定作单支重构的节点信号。进一步的，将小波构造新方法与当前应用最为广泛的基于 Lagrange 插值算法分别构造的小波进行了对比分析，实验信号和工程信号的应用研究结果表明，采用新方法构造的非对称小波比基于 Lagrange 插值构造的对称小波更加适用于轴承的故障特征提取。

(5) 针对信号降噪这一得到广泛关注和研究的问题，书中也进行了探讨描述。根据噪声和信号在小波域所呈现出的不同变化特点，提出了一种变尺度阈值处理方法，结合折中阈值函数，对经自适应冗余提升小波分解后得到的高频细节信号进行降噪处理；对于单支重构时的节点信号选取问题，提出变尺度能量分析方法。进而对降噪处理之后的节点信号分别进行完整重构和单支重构，结合包络解调谱分析，用以提取信号中的微弱特征信息。

本书中论述的重点研究内容及创新点主要有：

(1) 提出基于最小 l^p 范数判别准则的自适应算法。对各个待分解的节点信号，分别选用具有不同特性的小波来最优匹配不同节点信号中所含有的不同特征。将自适应算法与冗余提升小波和改进的小波包分析相结合，实现对信号的处理。

(2) 提出一种基于数据拟合的新的小波构造方法。通过对参数进行不同选取，可灵活简便地构造得到一系列各具不同特点的新小波。将采用该方法构造的小波应用于轴承振动信号的分析处理，同时验证了其相比于当前应用最为广泛的对称小波在轴承微弱特征提取中的优越性。

(3) 为单独提取出含有丰富信息的高频谱峰群，更好地实现信号特征提取，分别提出初始信号的分段功率谱估计和变尺度能量分析方法，用以解决单支重构时节点信号的选取问题。

提升算法一经提出，立即引起了众多研究人员的兴趣并得到了广泛的研究，时至今日，无论在理论研究还是应用研究上均已积累了较为丰富的成果。在本书中也详细论述了作者在这一领域展开的一些积极有益的探索。继往开来，对工程问题的认知和对科学高峰的攀登永无止境，今后可进一步关注的方面有：

(1) 为了更有针对性、更准确有效地提取出感兴趣的信息成分，需要对信号的特征有清晰的认知，深入探究滤波器系数和小波特性之间的关系，从而通过对预测算子和更新算子的设计来构造出最“相似”和匹配于信号特征波形的小波。

(2) 单一的信号分析处理方法在工程实践应用当中始终具有一定的局限性。在不断夯实提升小波分析的基础理论的同时，将其作为多算法融合整体中的重要组成部分进行算法融合研究，有助于提高设备故障诊断的准确性。

(3) 在不断丰富完善基础理论的同时，也应注重对算法实现复杂度的考量，尽可能地控制甚至降低算法所需的计算成本，不但力求有效，也同样力求高效。另外，如何使理论研究的成果更好地应用于生产实践服务，真正做到理论与实际互相结合、互为指导，始终是有待深思和进一步探索的重要问题。

参 考 文 献

[1] 何正嘉，訾艳阳，张西宁．现代信号处理及工程应用 [M]．西安：西安交通大学出版社，2007.

[2] Daubechies I. Orthonormal bases of compactly supported wavelets [J]. Communications on Pure and Applied Mathematics，1988，41 (7)：909-996.

[3] Mallat S. A theory for multiresolution signal decomposition：the wavelet representation [J]. IEEE Transactions on Pattern Analysis and Machine Intelligence，1989，11 (7)：674-693.

[4] Coifman R R，Wickerhauser M V. Entropy based algorithm for best basis selection [J]. IEEE Transactions on Information Theory，1992，38 (2)：713-718.

[5] Wickerhauser M V. INRIA lectures on wavelet packet algorithms [J]. Technical report，Washington University，1991.

[6] Ramchandran K，Vetterli M. Best wavelet packet bases in a rate-distortion sense [J]. IEEE Transactions on Image Processing，1993，2 (2)：160-175.

[7] Cohen A，Daubechies I. Bi-orthogonal bases of compactly supported wavelets [J]. Communications on Pure and Applied Mathmatics，1992，45 (5)：485-560.

[8] Sweldens W. The lifting scheme：A custom-design construction of biorthogonal wavelet [J]. Applied and Computational Harmonic Analysis，1996，3 (2)：186-200.

[9] Sweldens W. The lifting scheme：A construction of second generation wavelet constructions [J]. SIAM Journal on Mathatical Aanalysis，1997，29 (2)：511-546.

[10] Daubechies I，Sweldens W. Factoring wavelet transforms into lifting steps [J]. Journal of Fourier Analysis and Applications，1998，4：247-269.

[11] Claypoole R L，Baraniuk R G，Nowak R D. Adaptive wavelet transforms via lifting [C]//Proceedings of 1998 IEEE International Conference on Acoustics，Speech and Signal Processing，Seattle，WA，USA，1998：1513-1516.

[12] Claypoole R L，Geoffrey D，Sweldens W，et al. Nonlinear wavelet transforms for image coding [J]. IEEE Transactions on Image Processing，1997，1：662-667.

[13] Sweldens W，Schröder P. Building your own wavelets at home [J]. Lecture Notes in Earth Sciences，2000，90：72-130.

[14] Quellec G，Lamard M，Cazuguel G，et al. Adaptive nonseparable wavelet transform via lifting and its application to content-based image retrieval [J]. IEEE Transactions on Image Processing，2010，19：25-35.

[15] Yang X Y，Shi Y，Chen L H，et al. The lifting scheme for wavelet bi-frames-theory，structure，and algorithm [J]. IEEE Transactions on iamge Processing，2010，19 (3)：612-624.

[16] Lee C S，Lee C K，Yoo K Y. New lifting based structure for undecimated wavelet transform [J]. Electronics Letters，2000，36 (22)：1894-1895.

[17] Shim M，Laine A F. Overcomplete lifted wavelet representations for multiscale feature analysis [C]//Proceedings 1998 International Conference on Image Processing，Chicago，IL，USA，

1998: 242-246.

[18] Ramin E, Hayder R. Design of Regular Wavelets Using a Three-Step Lifting Scheme [J]. Signal Processing, 2010, 58 (4): 2088-2101.

[19] Huang Y X, Liu C L, Zha X F, et al. An enhanced feature extraction model using lifting-based wavelet packet transform scheme and sampling-importance-resampling analysis [J]. Mechanical Systems & Signal Processing, 2009, 23 (8): 2470-2478.

[20] Bao W, Zhou R, Yang J G, et al. Anti-aliasing lifting scheme for mechanical vibration fault feature extraction [J]. Mechanical Systems & Signal Processing, 2009, 23 (5): 1458-1473.

[21] Zhou R, Bao W, Li N, et al. Mechanical equipment fault diagnosis based on redundant second generation wavelet packet transform [J]. Digital Signal Processing, 2010, 20 (1): 276-288.

[22] Pan Y N, Chen J, Li X L. Bearing performance degradation assessment based on lifting wavelet packet decomposition and fuzzy c-means [J]. Mechanical Systems and Signal Processing, 2010, 24 (2): 559-566.

[23] 曹建军, 张培林, 邵衍振, 等. 提升小波包渐变式阈值选择与量化方法 [J]. 中国机械工程, 2009, 19 (24): 2991-2994.

[24] 胡桥, 何正嘉, 张周锁, 等. 基于提升小波包变换和集成支持矢量机的早期故障智能诊断 [J]. 机械工程学报, 2006, 42 (8): 16-22.

[25] 姜洪开, 王仲生, 何正嘉. 基于自适应提升小波包的故障微弱信号特征早期识别 [J]. 西北工业大学学报, 2008, 26 (1): 99-103.

[26] Zhang L, Xiong G, Liu H, et al. Fault diagnosis based on optimized node entropy using lifting wavelet packet transform and genetic algorithms [J]. Proceedings of the Institution of Mechanical Engineers Part I Journal of Systems and Control Engineering, 2010, 224 (15): 557-573.

[27] Bao W, Wang W, Zhou R, et al. Application of a two-dimensional lifting wavelet transform to rotating mechanical vibration data compression [J]. Proceedings of the Institution of Mechanical Engineers Part C Journal of Mechanical Engineering Science, 2009, 223 (10): 2443-2449.

[28] Fan X F, Liang M, Yeap T H, et al. A joint wavelet lifting and independent component analysis approach to fault detection of rolling element bearings [J]. Smart Materials & Structures, 2007, 16 (5): 1973-1987.

[29] Wang X T, Shi G M, Niu Y, et al. Robust adaptive directional lifting wavelet transform for image denoising [J]. IEEE Transactions on Image Processing, 2011, 5 (3): 249-260.

[30] Gao L X, Ren Z Q, Tang W L. Intelligent gearbox diagnosis methods based on SVM, wavelet lifting and RBR [J]. Sensors, 2010, 10 (5): 4602-4621.

[31] Duan C D, He Z J, Jiang H K. A sliding window feature extraction method for rotating machinery based on the lifting scheme [J]. Journal of Sound and Vibration, 2007, 299 (4-5):

774-785.

[32] Jiang H K, He Z J, Duan C D, et al. Gearbox fault diagnosis using adaptive redundant lifting scheme [J]. Mechanical Systems and Signal Processing, 2006, 20 (8): 1992-2006.

[33] 段晨东，何正嘉．第2代小波变换及其在机电设备状态监测中的应用 [J]. 西安交通大学学报, 2003, 37 (7): 695-698.

[34] 段晨东，姜洪开，何正嘉．一种基于信号相关性检测的自适应小波变换及应用 [J]. 西安交通大学学报, 2004, 38 (7): 674-678.

[35] 段晨东，李凌均，何正嘉．第二代小波变换在旋转机械故障诊断中的应用 [J]. 机械科学与技术, 2004, 23 (2): 224-226.

[36] 段晨东，姜洪开，何正嘉．一种改进的第2代小波变换算法及应用 [J]. 西安交通大学学报, 2004, 38 (1): 47-50.

[37] 段晨东，何正嘉，姜洪开．非线性小波变换在故障特征提取中的应用 [J]. 振动工程学报, 2005, 18 (1): 129-132.

[38] 段晨东，何正嘉．基于第二代小波变换的转子碰摩故障特征提取方法 [J]. 汽轮机技术, 2006, 48 (1): 34-36.

[39] 段晨东，李凌均，何正嘉．基于提升模式的非抽样小波变换及其在故障诊断中的应用 [J]. 机械强度, 2006, 28 (6): 796-799.

[40] 段晨东，何正嘉．基于提升模式的特征小波构造及其应用 [J]. 振动工程学报, 2007, 20 (1): 85-90.

[41] 段晨东，何正嘉．一种基于提升小波变换的故障特征提取方法及其应用 [J]. 振动与冲击, 2007, 26 (2): 10-13.

[42] 姜洪开，何正嘉，段晨东，等．基于提升方法的小波构造及早期故障特征提取 [J]. 西安交通大学学报, 2005, 39 (5): 494-498.

[43] 姜洪开，何正嘉，段晨东，等．自适应冗余第2代小波设计及齿轮箱故障特征提取 [J]. 西安交通大学学报, 2005, 39 (7): 715-718.

[44] 姜洪开，王仲生，何正嘉．基于改进第2代小波算法的发电机组碰摩故障特征提取 [J]. 中国电机工程学报, 2008, 28 (8): 127-131.

[45] Li Z, He Z J, Zi Y Y, et al. Bearing condition monitoring based on shock pulse method and improved redundant lifting scheme [J]. Mathematic & Computers in Simulation, 2008, 79 (3): 318-338.

[46] Li Z, He Z J, Zi Y Y, et al. Rotating machinery fault diagnosis using signal-adapted lifting scheme [J]. Mechanical Systems and Signal Processing, 2008, 22 (3): 542-556.

[47] Mallat S, Hwang W L. Singularity detection and processing with wavelets [J]. IEEE Transactions on Information Theory, 1992, 38 (2): 617-643.

[48] Xu Y S, John B, Weaver, et al. Wavelet transform domain filters: a spatially selective noise filtration technique [J]. IEEE Transactions on Image Processing, 1994, 3 (6): 747-758.

[49] Donoho D L. De-noising by soft-thresholding [J]. IEEE Transactions on Information Theory, 1995, 41 (3): 613-627.

[50] Donoho D L, Johnstone I M. Adapting to unknown smoothness via wavelet shrinkage [J]. Journal of the American Statistical Association. 1995, 90 (432): 1200-1224.

[51] Donoho D L. Minimax estimation via wavelet shrinkage [J]. Annals of Statistics. 1998, 26 (3): 879-921.

[52] Coifman R R, Mladen M V. Entropy based algorithms for best basis selection [J]. IEEE Transactions on Information Theory. 1992, 38 (2): 719-746.

[53] Esakkirajan S, Veerakumar T, Navaneethan P. Best basis selection using singular value decomposition advances in pattern recognition [C]//2009 Seventh International Conference on Advances in Pattern Recognition, Kolkata, India, 2009: 65-68.

[54] 曹茂森，刘经强，任青文．基于最优基小波的基桩弱损伤应力波检测 [J]. 振动与冲击，2006，25 (3): 155-158.

[55] Bruce A G, Gao H Y. Understanding waveShrink: Variance and bias estimation [J]. Mathematics & Physical Sciences, Biometrika, 1996, 83 (4): 727-745.

[56] Gao H Y, Bruce A G. WaveShrink and semisoft shrinkage [R]. StatSci Research Report. 1995.

[57] Bruce A G, Gao H Y. Waveshrink with firm shrinkage [J]. Statistica Sinica, 1997, 7 (4): 855-874.

[58] Qu T S, Wang S X, Chen H H, et al. Adaptive denoising based on wavelet thresholding method [C]//6th International Conference on Signal Processing, 2002: 120-123.

[59] 赵瑞珍，宋国乡，王红．小波系数阈值估计的改进模型 [J]. 西北工业大学学报，2001，19 (4): 625-628.

[60] Nason G P. Wavelet shrinkage using cross-validation [J]. Journal of the Royal Statistical Society: Series B (Methodological), 1996, 58 (2): 463-479.

[61] Jansen M, Malfait M, Bultheel A. Generalized cross validation for wavelet thresholding [J]. Signal Processing, 1997, 56 (1): 33-44.

[62] Jansen M, Bultheel A. Multiple wavelet threshold estimation by generalized cross validation for data with correlated noise [J]. IEEE Transactions on Image Processing, 1999, 8 (7): 947-953.

[63] 刘刚，屈梁生．自适应阈值选择和小波消噪方法研究 [J]. 信号处理，2002，18 (6): 509-512.

[64] 赵瑞珍，胡占义，胡绍海．天体光谱信号去噪的小波域复合阈值新算法 [J]. 光谱学与光谱分析，2007，27 (8): 1644-1647.

[65] Stepien J, Zielinski T, Rumian R. Image denoising using scale-adaptive lifting schemes [C]//Proceedings 2000 International Conference on Image Processing, Vancouver, BC, Canada, 2000: 288-291.

[66] Tomic M, Sersic D. Adaptive edge-preserving denoising by point-wise wavelet basis selection [J]. IET Signal Processing, 2012, 6 (1): 1-7.

[67] Ergun E. Electrocardiogram signals de-noising using lifting based discrete wavelet transform

[J]. Computers in Biology and Medicine, 2004, 34 (2): 479-493.

[68] Wang Z W, Ding G Q, Yan G Z, et al. Adaptive lifting wavelet transform and image denoise [J]. Journal of Infrared and Millimeter Waves, 2002, 21 (6): 447-450.

[69] Song X D, Zhou C K, Hepburn D M., et al. Second Generation wavelet transform for data denoising in PD measurement [J]. IEEE Transactions on Dielectrics and Electrical Insulation, 2007, 14 (6): 1531-1537.

[70] 段晨东，何正嘉．第二代小波降噪及其在故障诊断系统中的应用 [J]. 小型微型计算机系统，2004，25 (7)：1341-1343.

[71] 姜洪开，何正嘉，段晨东．冗余第2代小波构造及机械信号特征提取 [J]. 西安交通大学学报，2004，38 (11)：1140-1142.

[72] Li Z, He Z J, Zi Y Y, et al. Customized wavelet denoising using intra- and inter-scale dependency for bearing fault detection [J]. Journal of Sound and Vibration, 2008, 313 (1-2): 342-359.

[73] 杨建国．小波分析及其工程应用 [M]. 北京：机械工业出版社，2005.

[74] Fernández G, Periaswamy S, Sweldens W. Liftpack: A software package for wavelet transforms using lifting [C]//SPIE's 1996 International Symposium on Optical Science, Engineering, and Instrumentatation, Denver, CO, USA, 1996: 396-408.

[75] 张德丰．Matlab 小波分析 [M]. 北京：机械工业出版社，2009.

[76] Claypoole R L, Baraniuk R G. Flexible wavelet transforms using lifting [EB/OL]. http://scholarship.rice.edu/handle/1911/19805 (accessed on 1 September 1998).

[77] 杨福生．小波变换的工程分析与应用 [M]. 北京：科学出版社，1999：70-86.

[78] 段晨东．基于第二代小波变换的故障诊断技术研究 [D]. 西安：西安交通大学，2005.

[79] 潘泉，张磊，孟晋丽，等．小波滤波方法及应用 [M]. 北京：清华大学出版社，2005.

[80] 飞思科技产品研发中心．小波分析理论与 MATLAB7 实现 [M]. 北京：电子工业出版社，2005.

[81] 王秉仁，杨艳霞，蔡伟，等．小波阈值降噪技术在振动信号处理中的应用 [J]. 噪声与振动控制，2008，12 (6)：9-12.

[82] 梅宏斌．滚动轴承振动监测与诊断 [M]. 北京：机械工业出版社，1996.

[83] Claypoole R L, Davis G, Sweldens W, et al. Nonlinear wavelet transforms for image coding via lifting [J]. IEEE Transactions on Image Processing, 2003, 12 (12): 1449-1459.

[84] 何正嘉，曹宏瑞，李臻，等．铣削刀具破损检测的第二代小波变换原理 [J]. 中国科学，2009，39 (6)：1174-1184.

[85] 程发斌，汤宝平，钟佑明．基于最优 Morlet 小波和 SVD 的滤波消噪方法及故障诊断的应用 [J]. 振动与冲击，2008，27 (2)：91-94.

[86] Karvanen J, Cichocki A. Measuring sparseness of noisy signals [C]//4th International Symposium on Independent Component Analysis and Blind Signal Separation, Nara, Japan, 2003: 125-130.

[87] 姚泽清，苏晓冰，郑琴，等．应用泛函分析 [M]. 北京：科学出版社，2007.

[88] 薛毅，耿美英．数值分析［M］．北京：北京工业大学出版社，2003.
[89] 陈继东．小波分析应用于在线监测中信噪分离的研究［J］．电网技术，1999，23（11）：54-57.
[90] 杨国安．机械设备故障诊断实用技术［M］．北京：中国石化出版社，2007.